UNION INTERNATIONALE DES SCIENCES PRÉHISTORIQUES ET PROTOHISTORIQUES
INTERNATIONAL UNION FOR PREHISTORIC AND PROTOHISTORIC SCIENCES

PROCEEDINGS OF THE XV WORLD CONGRESS (LISBON, 4-9 SEPTEMBER 2006)
ACTES DU XV CONGRÈS MONDIAL (LISBONNE, 4-9 SEPTEMBRE 2006)

Series Editor: Luiz Oosterbeek

VOL. 13

Session WS21

Gestion des combustibles au paléolithique et au mésolithique

Nouveaux outils, nouvelles interprétations

Fuel Management during the Palaeolithic and Mesolithic Periods

New tools, new interpretations

Edited by

Isabelle Théry-Parisot, Sandrine Costamagno
and Auréade Henry

Centre d'études Préhistoire, Antiquité, Moyen Âge
CNRS-UNSA

BAR International Series 1914
2009

Published in 2016 by
BAR Publishing, Oxford

BAR International Series 1914

Proceedings of the XV World Congress of the International Union for Prehistoric and Protohistoric
Sciences / Actes du XV Congrès Mondial de l'Union Internationale des Sciences Préhistoriques et
Protohistoriques
*Gestion des combustibles au paléolithique et au mésolithique / Fuel Management during the
Palaeolithic and Mesolithic Periods*

ISBN 978 1 4073 0397 0

© UISPP / IUPPS and the editors and contributors severally and the Publisher 2009

Outgoing President: Vítor Oliveira Jorge; Outgoing Secretary General: Jean Bourgeois
Congress Secretary General: Luiz Oosterbeek (Series Editor)
Incoming President: Pedro Ignacio Shmitz
Incoming Secretary General: Luiz Oosterbeek

Signed papers are the responsibility of their authors alone.
Les texts signés sont de la seule responsabilité de ses auteurs.

Contacts : Secretary of U.I.S.P.P. – International Union for Prehistoric and Protohistoric Sciences
Instituto Politécnico de Tomar, Av. Dr. Cândido Madureira 13, 2300 TOMAR
Email: uispp@ipt.pt   www.uispp.ipt.pt

BAR Publishing is the trading name of British Archaeological Reports (Oxford) Ltd.
British Archaeological Reports was first incorporated in 1974 to publish the BAR
Series, International and British. In 1992 Hadrian Books Ltd became part of the BAR
group. This volume was originally published by Archaeopress in conjunction with
British Archaeological Reports (Oxford) Ltd / Hadrian Books Ltd, the Series principal
publisher, in 2009. This present volume is published by BAR Publishing, 2016.

Printed in England

BAR
PUBLISHING

BAR titles are available from:

BAR Publishing
122 Banbury Rd, Oxford, OX2 7BP, UK
EMAIL   info@barpublishing.com
PHONE   +44 (0)1865 310431
FAX   +44 (0)1865 316916
www.barpublishing.com

Note of the series editor

The present volume is part of a series of proceedings of the XV world congress of the International Union for Prehistoric and Protohistoric Sciences (UISPP / IUPPS), held in September 2006, in Lisbon.

The Union is the international organization that represents the prehistoric and protohistoric research, involving thousands of archaeologists from all over the world. It holds a major congress every five years, to present a "state of the art" in its various domains. It also includes a series of scientific commissions that pursue the Union's goals in the various specialities, in between congresses. Aiming at promoting a multidisciplinary approach to prehistory, it has several regional or thematic associations as affiliates, and on its turn it is a member of the International Council for Philosophy and Human Sciences (an organism supported by UNESCO).

Over 2500 authors have contributed to c. 1500 papers presented in 101 sessions during the XVth world Congress of UISPP, held under the organisation of the Polytechnic Institute of Tomar. 25% of these papers dealt with Palaeolithic societies, and an extra 5% were related to Human evolution and environmental adaptations. The sessions on the origins and spread of hominids, on the origins of modern humans in Europe and on the middle / upper Palaeolithic transition, attracted the largest number of contributions. The papers on Post-Palaeolithic contexts were 22% of the total, with those focusing in the early farmers and metallurgists corresponding to 12,5%. Among these, the largest session was focused on prehistoric mounds across the world. The remaining sessions crossed these chronological boundaries, and within them were most represented the regional studies (14%), the prehistoric art papers (12%) and the technological studies (mostly on lithics – 10%).

The Congress staged the participation of many other international organisations (such as IFRAO, INQUA, WAC, CAA or HERITY) stressing the value of IUPPS as the common ground representative of prehistoric and protohistoric research. It also served for a relevant renewal of the Union: the fact that more than 50% of the sessions were organised by younger scholars, and the support of 150 volunteers (with the support of the European Forum of Heritage Organisations) were in line with the renewal of the Permanent Council (40 new members) and of the Executive Committee (5 new members). Several Scientific Commissions were also established.

Finally, the Congress decided to hold its next world congress in Brazil, in 2011. It elected Pe. Ignácio Shmitz as new President, Luiz Oosterbeek as Secretary General and Rossano Lopes Bastos as Congress secretary.

L.O.

Comité de lecture
Laurent BOUBY, Sandrine COSTAMAGNO, Claudine KARLIN
Liliane MEIGNEN, John SPETH, Isabelle THÉRY-PARISOT, Stéphanie THIÉBAULT

Secrétariat d'édition et maquette
Monique CLATOT

Traitement des illustrations
Chantal PERROT

Illustrations de couverture
Sabine SORIN

TABLE DES MATIÈRES

TABLE DES FIGURES

PRÉFACE

Isabelle THÉRY-PARISOT*, Sandrine COSTAMAGNO**, Auréade HENRY*

Pour la communauté des préhistoriens, le feu constitue un objet d'étude privilégié. Symbole de l'évolution psychique et technique de l'homme, le feu représente un élément fondamental pour la connaissance des sociétés préhistoriques, renvoyant aussi bien aux pratiques cultuelles qu'à l'émergence d'arts et de savoir-faire.

La question de « l'origine » du feu et de son accession au rang d'acte quotidien, la recherche assidue de ses plus anciennes traces ont longtemps alimenté les débats scientifiques. Parallèlement, l'enrichissement du corpus de données et de développement de méthodes d'analyses plus poussées a ouvert la voie à des questionnements spécifiques aux foyers eux-mêmes, en termes de fonction et de fonctionnement (typologie, études fonctionnelles, micromorphologie). À partir du milieu des années 80, l'étude du contenu des foyers devint principalement une prérogative d'anthracologues qui, fort occupés à valider la représentativité paléoécologique des charbons de bois, se sont momentanément détournés de l'étude des foyers, dont le contenu jugé « peu fiable » renvoie presque uniquement à leur état au moment de l'abandon.

Peu à peu, l'étude des foyers et des restes brûlés au sens large s'est ouverte à d'autres champs disciplinaires (micromorphologie, phytolitologie, archéozoologie, analyses chimiques) et les problématiques ont intégré une acception « économique » visant à replacer le feu dans sa perspective anthropologique.

Le workshop « Économie des combustibles » se place logiquement dans la continuité de ces recherches initiées depuis une centaine d'années. Un des objectifs était de rassembler l'ensemble des acteurs de la recherche qui s'intéressent au feu domestique, de dépasser le cadre de l'analyse structurelle ou fonctionnelle des foyers archéologiques et de replacer le feu au cœur d'une réflexion plus large, sans qu'elle relève pour autant du « tout théorique ». Le feu préhistorique devient alors partie intégrante d'un système culturel et économique caractéristique d'une société et d'un environnement donnés. C'est par conséquent une pratique sociale de l'espace que l'on tente de documenter à travers la prise en compte des modalités d'acquisition du combustible, mais aussi de production et d'utilisation du feu jusqu'à l'abandon des sites.

* CÉPAM, Université Nice Sophia Antipolis, CNRS ; MSH de Nice, 250 rue Albert Einstein, bât 1, 06560 Valbonne, France, thery@cepam.cnrs.fr ; henry@cepam.cnrs.fr.
** UTAH, UMR 5608 du CNRS, Université de Toulouse-Le Mirail, Maison de la Recherche, 5, allées Antonio-Machado, F-31058 Toulouse cedex 9, France, costamag@univ-tlse2.fr

Cette perception continue d'évoluer grâce au développement concomitant d'outils d'analyse gagnant en nombre et en précision, ainsi qu'à une diversification des approches autour des combustibles et de cet objet d'étude commun qu'est le feu.

Dans le contexte spécifique des chasseurs-cueilleurs-collecteurs paléolithiques et mésolithiques, il s'agissait notamment de présenter au cas par cas des modèles ou exemples de gestion et de les mettre en relation avec la mobilité des groupes, le statut des sites, la saisonnalité, etc. afin d'engager la réflexion sur le degré de spécificité des pratiques liées au feu.

La question récurrente du statut des sites du Paléolithique et du Mésolithique prend une valeur toute particulière lorsqu'il s'agit d'interpréter les vestiges liés à l'emploi du feu. Selon toute vraisemblance, la nature et la durée des occupations déterminent largement la palette des activités qui se déroulent sur le campement et induisent corrélativement une orientation des choix et des préférences en matière de combustibles. Bois de ramassage ou bois d'abattage, vert ou sec, choix des espèces, feuillages, ossements, excréments, la gamme des combustibles disponibles et utilisés au cours des temps préhistoriques doit répondre à des exigences ou à des besoins spécifiques qu'il convient de décrypter à la lumière d'actes techniques et de choix stratégiques, en rapport avec des activités et/ou des contingences environnementales (disponibilité et accessibilité des matériaux combustibles). On perçoit alors aisément que seul le croisement de données connexes et diversifiées permet d'aborder ce pan de l'économie des sociétés préhistoriques. Pour cette raison, nous avons souhaité rassembler à la fois des ethnologues dont les observations

constituent des éléments de réflexion pertinents pour l'étude des sociétés préhistoriques, des archéologues dont la connaissance du terrain et des structures de combustion constituent la base même de toute recherche, ainsi que des spécialistes, micromorphologues, anthracologues, archéozoologues, etc. qui offrent des informations essentielles sur les possibilités du milieu en termes de choix des combustibles, sur le contenu et le fonctionnement des structures de combustion, tout en intégrant les questions essentielles de taphonomie.

Les communications se sont principalement orientées autour de trois thématiques complémentaires. La première, anthropologique, concerne l'ethnobotanique et la confrontation entre des modèles actualistes et archéologiques de gestion du bois de feu. Les exemples présentés concernent d'une part, un groupe d'éleveurs évenks de la région de l'Amour en Sibérie (Henry *et al.*) et, d'autre part, un groupe sédentaire du village de Susques de la province de Jujuy en Argentine (Joly *et al.*). Dans les deux cas, les enquêtes documentent largement les pratiques actuelles de la collecte du bois et permettent de proposer une vision moins dualiste de la gestion des combustibles en contexte archéologique. La gestion du bois de feu fait certes apparaître un fort opportunisme des pratiques dictées par la disponibilité du bois, mais traduit surtout, dans le cas des éleveurs évenks, le fort impact de la saisonnalité sur l'économie du bois de feu.

La seconde thématique aborde la question du combustible osseux et de son emploi dans les sites du Paléolithique. L'expérimentation présentée par S. Mentzer vise à évaluer l'influence de l'état initial de l'os sur la durée de la combustion et la forme des résidus osseux ainsi obtenus. La démarche expérimentale de S. Costamagno *et al.* permet de préciser les propriétés combustibles de l'os, selon ses différents états, et de définir les conditions de son utilisation par les groupes préhistoriques. Le modèle statistique proposé, fondé à la fois sur des données expérimentales et archéologiques, permet d'attribuer une valeur aux assemblages osseux brûlés des sites étudiés : combustible ou non combustible.

Enfin, le troisième volet de ce workshop rassemble des exemples archéologiques documentant des pratiques de gestion qui couvrent le Paléolithique et le Mésolithique, sur un vaste territoire s'étendant du nord de l'Europe jusqu'au Proche-Orient. Une gestion différenciée des combustibles est attestée dans les sites du Paléolithique moyen, avec notamment la mise en parallèle d'activités spécialisées de traitement de la viande et d'emploi d'os comme combustible à Rémicourt, Belgique (Bosquet *et al.*). Selon Meignen *et al.*, à Hayonim et Kébara (Israël), la gestion des combustibles est en étroite relation avec le statut du site : gestion raisonnée du bois et intensité des activités liées au feu dans les camps dits de base, avec l'exemple notable de Kébara et, inversement, pratique opportuniste et ramassage du tout-venant dans la grotte d'Hayonim définie comme un site résidentiel de courtes durées d'occupation. Enfin, dans les gisements de la fin du Paléolithique et du Mésolithique du sud de la France, la collecte du bois de feu semble être principalement opportuniste, quel que soit le statut du site, à l'exception des grottes ornées qui semblent faire l'objet d'un choix du bois plus rigoureux.

Il convient à présent de remercier l'ensemble des protagonistes de ce projet. En premier lieu, nos remerciements vont aux organisateurs du congrès de l'UISPP qui ont accepté de faire une place à ce workshop dans un calendrier déjà chargé, tout en nous offrant l'ensemble des moyens disponibles pour parvenir à l'organisation et à la publication des communications. Nos remerciements vont ensuite à l'ensemble des communicants, qui, par l'intérêt qu'ils ont porté à cette thématique, ont fait le succès scientifique de cette journée tant pour la qualité des communications que par la richesse des échanges.

Nous tenons particulièrement à remercier l'ensemble des membres du comité de lecture qui par leurs conseils judicieux et toujours bienveillants ont permis à chacun d'entre nous d'améliorer nos manuscrits : L. Bouby, C. Karlin, L. Meignen, J. Speth et S. Thiébault. Nous ne saurions oublier M. Clatot, responsable du service des publications du Cépam, pour la rigueur de son travail d'édition et sa grande disponibilité. Nous remercions aussi vivement C. Perrot pour la mise au propre de l'ensemble des figures de ce volume ainsi que Sabine Sorin pour l'illustration de couverture.

LA GESTION DU BOIS DE FEU EN FORÊT BORÉALE : ARCHÉO-ANTHRACOLOGIE ET ETHNOGRAPHIE (RÉGION DE L'AMOUR, SIBÉRIE)

Auréade HENRY*, Isabelle THÉRY-PARISOT* et Evguenia VORONKOVA**

Abstract. *Investigating on Palaeolithic fuel management means to integrate the whole parameters that determine the energetic needs of the human groups, as well as their capacity to satisfy them inside a well-defined gathering territory.*

Archaeological remains do not provide all clues to the integral knowledge of these parameters, inter-connected in a complex manner and interacting permanently at several levels.

Presented here as an example, a first ethnographical study has been undertaken in order to collect contemporary data on fuel management of nomad groups living under climatic conditions similar to the cold climate of the Palaeolithic period. This work leads to a broader approach concerning the palaeoecological reliability of anthracological diagrams, as well as the validity of the palaeo-economical hypotheses presented for Palaeolithic settlements.

Keywords. *Anthracology, Paleolithic, ethnoarchaeology, firewood, Amour region, Siberia.*

Résumé. *S'interroger sur les modalités de gestion du bois de feu au Paléolithique revient à intégrer l'ensemble des paramètres définissant les besoins en matériaux combustibles des groupes humains et leur capacité à les satisfaire au sein d'un territoire d'acquisition donné. L'archéologie ne permet pas d'appréhender dans leur globalité ces paramètres, étroitement liés par des relations complexes et en inter-action permanente.*

Afin de constituer un référentiel actuel sur l'économie des combustibles pratiquée par des groupes nomades vivant dans des conditions climatiques analogues à celles des derniers chasseurs-cueilleurs paléolithiques, une première enquête ethnographique a été réalisée. Ce travail alimente une réflexion plus large sur la représentativité paléoécologique des spectres anthracologiques et sur la légitimité des hypothèses paléoéconomiques proposées pour les sites du Paléolithique.

Mots-clés. *Anthracologie, Paléolithique, ethnoarchéologie, bois de feu, région de l'Amour, Sibérie.*

INTRODUCTION

Longtemps inscrites dans une perspective paléobotanique, les études anthracologiques se sont récemment intéressées aux pratiques sociales de la gestion du bois de feu. Dans un premier temps, il s'agissait principalement de définir la relation entre les pratiques de la collecte et la repré-

* CÉPAM, Université Nice Sophia Antipolis, CNRS ; MSH de Nice, 250 rue Albert Einstein, bât 1, 06560 Valbonne, France, henry@cepam.cnrs.fr ; thery@cepam.cnrs.fr.

** Centre d'études religieuses, section 360, Université de la région de l'Amour, Blagovechtchensk, Fédération de Russie, vorvorvor@mail.ru.

sentativité paléoécologique des spectres anthraco-logiques (Chabal, 1992; 1994; 1997; Vernet éd., 1973; Théry-Parisot, 1998). Se plaçant dans une optique archéo- et ethnobotanique, les anthra-cologues se sont ensuite intéressés aux pratiques liées à l'acquisition et à l'utilisation du combustible ligneux en tant que composante de l'économie des sociétés pré-, proto- et historiques (Breicher *et al.*, 2002; Uzquiano, 1992; Solari, 1992; Tengberg, 1998; 1999; Théry-Parisot, 1998; 2001; · Ntinou, 2002; Alix, Brewster, 2005; Dufraisse, 2005). Des questionnements spécifiques au Paléolithique ont vu le jour dans la mouvance des approches techno-économiques, qui, plus près des pratiques sociales, ont su sensibiliser les anthra-cologues à ces problématiques (Théry-Parisot, 1998; 2001; 2002; Théry-Parisot, Meignen, 2000; Théry-Parisot, Thiébault, 2005; Théry-Parisot, Texier, 2006; Allué, 2006; Vallverdu *et al.*, 2005) et ont conduit à l'établissement d'un modèle concep-tuel descriptif de l'économie des combustibles au Paléolithique (Théry-Parisot, 1998; 2001).

S'interroger, en ces termes, sur la gestion du combustible ligneux, revient à la définir en tant que sous-système technique et, par là même, à intégrer l'ensemble des paramètres qui y inter-agissent, exprimant ainsi la relation entre les besoins en bois de feu d'un groupe et sa capacité à les satisfaire. La gestion du bois de feu constitue alors un système complexe au sein duquel l'envi-ronnement et la nature des occupations humaines ont une influence déterminante sur les activités liées au feu, l'ensemble de ces paramètres défi-nissant les besoins énergétiques des groupes. La satisfaction de ces besoins dépend, entre autres, des caractéristiques du milieu producteur, ainsi que des propriétés combustibles des essences sous

différents états et s'exerce au niveau spatial sur le territoire d'approvisionnement (fig. 1.1).

Le développement de la méthode expérimen-tale et l'observation conjointe et systématique de signatures anatomiques appliquées aux charbons de bois archéologiques, couplées à l'anthraco-analyse classique ont permis de formuler un certain nombre d'hypothèses. Celles-ci portent à la fois sur la cohérence écologique de l'assemblage anthracologique et sur les modalités de gestion du bois de feu: modes de collecte (état du bois), activités liées au feu et territoires d'approvisionne-ment (Marguerie, 1992; Uzquiano, 1992; Théry-Parisot, 2001; Dufraisse, 2005). Ces avancées méthodologiques, dans un contexte d'interdiscipli-narité de la recherche archéologique, contribuent à renseigner, pour chaque gisement étudié, un certain nombre de « champs » de notre modèle anthracologique descriptif susceptibles d'être intégrés dans une base de connaissances anthra-cologique pour le Paléolithique. Cependant, la reconnaissance de la nature des relations entre les différentes composantes du système d'économie du bois de feu apparaît d'autant plus complexe et hasardeuse qu'elle tente de s'appliquer à des études de cas archéologiques, où l'information est par nature fragmentaire. Le dépôt anthracologique, dernier témoin d'une chaîne opératoire complexe, permet-il d'appréhender la globalité et la variabilité des paramètres en interaction ?

La collecte de données ethno-anthracologiques s'impose logiquement comme une première néces-sité méthodologique: les paramètres définis comme interagissant au sein du système d'économie du bois de feu sont-ils aptes à être intégrés à une situation réelle, où tous ces paramètres sont *a priori* observa-

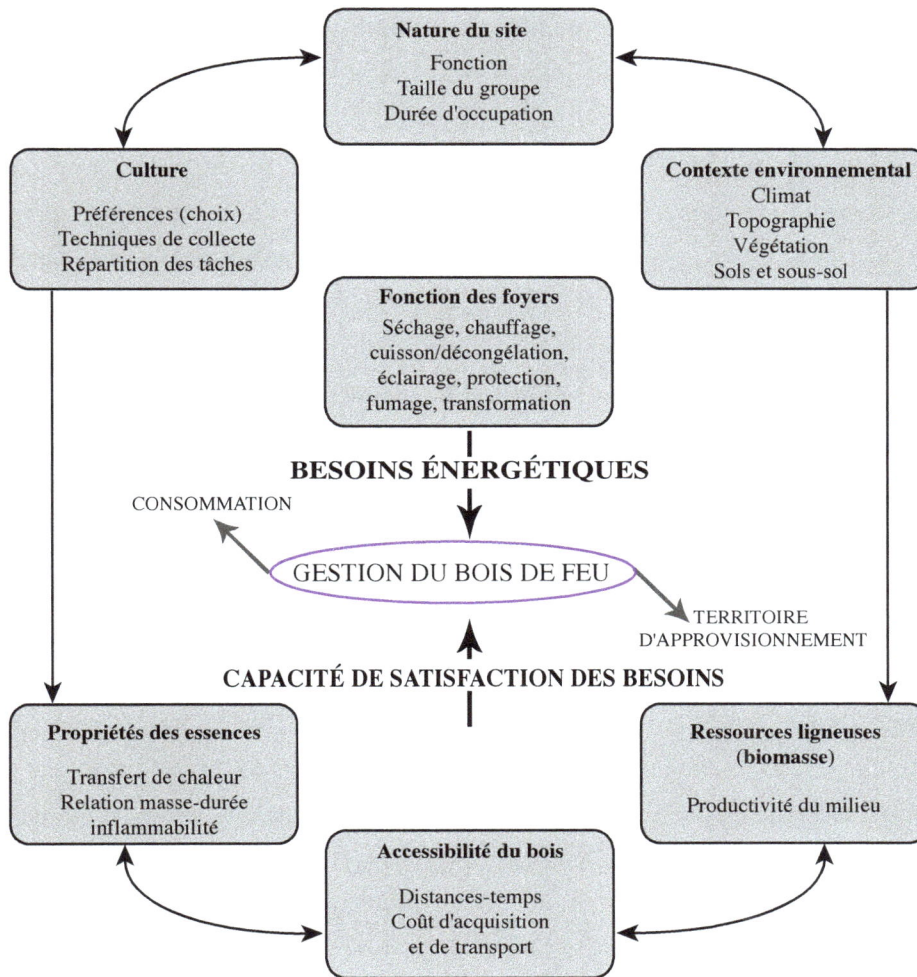

Fig. 1.1. Modèle théorique descriptif de la gestion du bois de feu au Paléolithique (d'après Théry-Parisot, 1998).

bles ? La « collecte de données ethnoarchéologiques originales afin d'aider l'interprétation archéologique » (traduit de Hodder, 1982, p. 28) n'est pas chose nouvelle ; la multiplicité des travaux et des approches ethno-archéologiques en témoignent (Hayden, 1979 ; 1981 ; Kramer, 1979 ; Gallay, 1980 ; 1991 ; Binford, 1983 ; Spurling, Hayden, 1984 ; Audouze, 1988 ; Coudart, 1992 ; Karlin *et al.*, 1992 ; David *et al.*, 1998 ; Beyries, Pétrequin, 2001 ; Zvelebil, 1997 ; Audouin-Rouzeau, Beyries, 2002), mais il n'en va pas de même en anthracologie, qui, considérant qu'il ne s'agissait pas de son objet premier d'étude, ne s'est que ponctuellement

tournée vers l'ethnographie (Solari, 1992 ; Uzquiano, 1997 ; Ntinou, 2002). Or, « l'ethnologie des peuples de chasseurs-cueilleurs actuels […] constitue une approche privilégiée des sociétés préhistoriques en révélant la complexité des structures sociales […] et éclaire l'interprétation des vestiges archéologiques » (Audouze *et al.*, 1989).

En ce sens, la constitution d'un référentiel ethno-anthracologique a pour objectif non pas de valider ou d'invalider les résultats des études archéo-anthracologiques, mais d'enrichir à long terme les référentiels expérimentaux et d'engager une réflexion sur la diversité des pratiques actuelles de groupes nomades tributaires d'un climat comparable à celui du Paléolithique d'Europe occidentale, en relation avec la représentativité écologique du dépôt anthracologique dans un contexte de mobilité.

Sur la base de l'opposition apparente entre « dépôt anthracologique » et « diversité des pratiques », les hypothèses archéo-anthracologiques sont présentées en rapport avec les données que nous avons acquises au cours d'une enquête ethnographique menée au sein d'une famille évenke de la région de l'Amour (Sibérie sud-orientale). À titre comparatif, nous avons inclus dans cet article les réponses issues d'un questionnaire que nous avons élaboré, transmis à l'ethnologue Alexandra Lavrillier travaillant sur les groupes évenks des Monts Stanovoï, à l'extrême Nord de la région de l'Amour.

LES PRINCIPALES HYPOTHÈSES ARCHÉO-ANTHRACOLOGIQUES

Approvisionnement et consommation

En contexte archéologique, nous avons choisi de considérer que le territoire d'approvisionnement en bois n'excède pas le territoire exploité pour les autres activités (chasse, approvisionnement en matières premières...). Quant aux modes de collecte, ils dépendraient de la durée d'occupation des sites et, corrélativement, de leur fonction.

L'abattage du bois est techniquement possible (Théry-Parisot, 2001), mais, à l'exception d'une petite proportion de bois qui peut être utilisé vert pour des activités précises, cette pratique induit

une période de séchage du bois dont la durée varie de 8 à 24 mois selon les conditions de stockage, de station et de saison et ne convient pas à des occupations de courte durée. Le stockage prévisionnel du bois frais entre deux occupations d'un même site est une possibilité mais reste difficile à démontrer. Le recours à ces pratiques interviendrait alors uniquement lorsque la nécromasse est insuffisante à satisfaire les besoins énergétiques du groupe, ou lorsque ce dernier ne tient pas à élargir son aire d'approvisionnement. On peut penser que la généralisation de l'abattage du bois frais et des pratiques de stockage n'apparaissent que bien plus tard, avec la sédentarisation des sociétés néolithiques.

À l'inverse, on considère que le bois mort (sur l'arbre, au sol, ou flotté), déjà sec et donc directement exploitable, est parfaitement adapté aux occupations caractérisant le Paléolithique, considérées comme courtes ou du moins d'une durée inférieure à l'épuisement du bois mort disponible dans le rayon d'approvisionnement (Théry-Parisot, Texier, 2006).

Activités liées au feu

Diversifiées selon toute vraisemblance, les activités liées au feu constituent un des pôles majeurs de l'économie des préhistoriques comme le révèle l'abondance des témoignages directs (foyers en place et/ou résidus brûlés), ou indirects (silex ou os, colorants ou adhésifs chauffés...) retrouvés dans les sites du Paléolithique. Néanmoins, les activités réellement mises en œuvre sur un site restent difficiles à déduire de ces vestiges. De fait, l'anthraco-analyse en elle-même peut mener à envisager des hypothèses contradictoires pour des dépôts comparables. En effet, si l'on interprête le contenu des foyers en nombre de taxons, une large palette d'espèces peut signifier l'absence de sélection spécifique de la part du groupe, et correspondrait alors à la composition floristique de l'aire d'approvisionnement. Mais une large palette d'espèces peut aussi renvoyer à des activités diversifiées, et traduirait dans ce cas une sélection en fonction des propriétés combustibles (objectives ou supposées) des essences. De la même manière, peu d'espèces utilisées peuvent traduire tout autant une sélection de la part des groupes qu'une absence de sélection. Cette dernière nous livrerait l'image paléo-écologique d'une végétation peu diversifiée, alors que la première nous renseignerait sur le fait que le groupe considéré pratique des activités faiblement diversifiées, ou encore une gestion des états physiologiques du bois adaptée à une large palette d'activités. Cette difficulté, due à un problème d'équifinalité, conduit les anthracologues à s'engager peu sur le terrain de l'interprétation des foyers. À cela, il faut ajouter cet argument de C. Perlès selon lequel : « le foyer découvert en fouille est le foyer au moment de son abandon […]. Dans ce cas précis, le risque est de considérer comme combustible majeur, et donc choisi de préférence aux autres, l'espèce végétale qui a fourni les dernières bûches. » (Perlès, 1977, p. 45). Cet argument, érigé en principe par Chabal dès 1991 (Chabal, 1991), incite, à juste titre, à ne considérer le contenu des foyers qu'avec précaution.

L'OBSERVATION ETHNOGRAPHIQUE

Cadre de l'étude

Une mission ethnographique de 4 semaines a été réalisée en avril 2006, (c'est-à-dire à la fin de la période hivernale) en Sibérie sud-orientale, dans

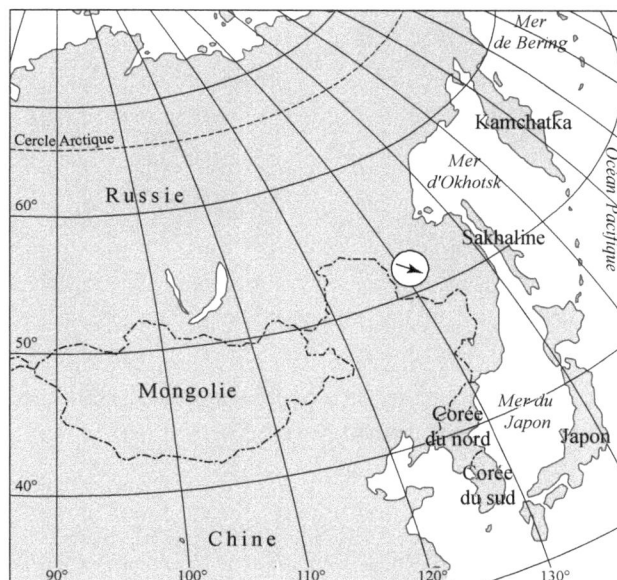

Fig. 1.2. Cadre géographique de l'étude ethno anthracologique.

l'Oblast' de l'Amour, région (*Rajon*) de Sélémdja (fig. 1.2). La première semaine de terrain a été effectuée au village d'Ivanovsk, dont le nom évenk est Ulgen, qui compte 400 habitants ; puis trois semaines ont été passées au sein du campement d'un groupe évenk nomade rattaché au village.

Végétation

La forêt boréale de mélèzes caractérise la végétation de cette région de l'Amour. Aux abords immédiats du campement visité, le mélèze (*Larix cajanderi* Mayr) domine largement, associé à quelques bouleaux (*Betula pendula*) (fig. 1.3).

À moins de 2 km du campement, les flancs des collines abritent également des bosquets d'aulnes (*Alnus hirsuta* (Spach) Turcz. ex Rupr.) et de *Rhododendron dauricum* L. Sous l'épaisse couche de neige, *Pinus pumila* (Pall.) Regel est très abondant. *Picea obovata* L. est présent, particulièrement en fond de vallée (fig. 1.4).

Fig. 1.3. Le campement de la famille Struchkov-Nikiforov, entouré de mélèzes (photo A. Henry).

Fig. 1.5. Végétation ripicole, berges de la rivière Xarga (photo A. Henry).

Fig. 1.4. Végétation : la forêt boréale de la Région de l'Amour (photo A. Henry).

Au sud-ouest, proche d'un kilomètre environ, la ripisylve se compose de plusieurs espèces de salicacées (*Salix* L., *Chosenia arbutifolia* Nakai) et de peupliers (*Populus* L.), associées à *Prunus padus*, *Betula davurica*, *Betula pendula, Alnus hirsuta* et *Picea obovata* (fig. 1.5). Ce couvert végétal de forêt boréale ne va pas sans évoquer les associations floristiques que l'on retrouve en anthracologie pour certains sites du Paléolithique (Chrzavzez, 2006), à cela près que l'action anthropique sur le milieu, relativement ancienne, est très forte depuis la seconde moitié du XXᵉ siècle.

Le territoire de 710 km² dont jouissaient à Ulgen les éleveurs, et leurs troupeaux ainsi que les chasseurs, s'est vu amputé au sud-ouest par les exploitations de bois, au nord par un nombre important d'exploitations minières, qui contribuent toujours à la forte pollution de la région (information orale Maxim Goumeniouk, président de l'association évenke *Dounnè*).

Groupe évenk

Les observations directes concernant la gestion des combustibles ont été effectuées auprès d'une famille de quatre personnes qui séjournent dans la taïga pendant toute l'année : Egor Struchkov et Raïsa Nikiforova, son fils Serguei Nikoforov et la femme de ce dernier, Ludmila Solov'eva. N'ayant observé leur mode de vie que sur une période de trois semaines à la fin de l'hiver, bon nombre d'informations orales fournies par cette famille ont été indispensables à la compréhension des modalités de gestion du combustible ligneux qu'elle pratique sur le temps long. Ces modalités varient en fonction des saisons, lesquelles influencent plus globalement la nature des activités du groupe et son degré de mobilité résidentielle. Par conséquent, l'information brute issue de nos observations sur la gestion des combustibles n'est pas intelligible si elle est détachée de son contexte, qui est celui du nomadisme pastoral évenk. La famille Struchkov-Nikiforov exerce cette activité en tant que tributaire de l'ex-Sovkhoze d'Ulgen dans un contexte de moyenne montagne, sur un territoire d'environ 70 km, le long de l'axe constitué par la rivière Xarga, affluent du Sélemdja (fig. 1.6).

Le renne

L'élevage du renne demande un investissement important, dans la mesure où les animaux sont lâchés dans la nature pour se nourrir, les risques étant notamment l'ensauvagement des individus et/ou leur rencontre avec différents prédateurs tels l'ours ou le loup. Les éleveurs, qui se déplacent avec leur troupeau, doivent accroître leur vigilance en fonction des saisons afin d'éviter les pertes.

L'hiver (du moment où apparaissent les premières neiges permanentes jusqu'à leur fonte), la famille investit un seul campement, à partir duquel les hommes iront chercher les rennes régulièrement. À la venue du printemps, environ du début du mois de mai à la mi-juin, le groupe traverse la rivière Xarga et s'établit dans 2 à 3 campements différents, proches du lieu de mise bas des femelles.

Entre la mi-juin et fin août, la famille investit en amont du fleuve une quinzaine de campements différents, dont l'emplacement peut varier au fil des années : les pâturages, très secs, sont rapidement détruits par le piétinement du troupeau, aussi, les durées d'occupation, comprises entre 3 et 15 jours, sont très courtes. Par ailleurs, la taille du groupe augmente à ces périodes avec la visite d'enfants

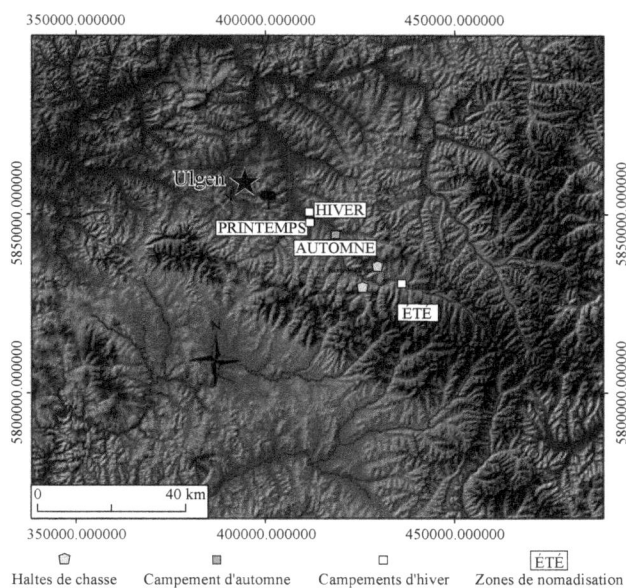

Fig. 1.6. Territoire de nomadisation de la famille Struchkov-Nikiforov (A. Henry, M. Benjeddou).

scolarisés et la venue de personnes du village pour les vacances d'été.

Au cours de l'automne, le groupe repart en aval de la rivière et occupe environ trois campements différents, qui comportent tous des corrals (*Kourè*[1]), indispensables au parcage des animaux, notamment les femelles et leurs petits, à une saison où les rennes se dispersent à la recherche de champignons. De plus, le début de l'automne annonce la période de rut, le risque d'ensauvagement est alors maximal. D'après ces informations émanant de notre groupe d'étude, les besoins du renne constituent l'objet et la justification de ce mode de vie, dont certains aspects, que nous avons pu observer, ont un effet notable sur l'exploitation et la consommation du bois.

_____

1. Les termes évenks sont notés entre parenthèses et en italique.

Habitat

Depuis plusieurs générations, les tentes coniques traditionnelles en peau de renne (*outan*) ont été remplacées par des tentes quadrangulaires en toile et des maisonnettes en bois, construites pour les Évenks de la région d'Ulgen par l'administration soviétique à partir des années soixante (Raïsa Nikiforova et Egor Struchkov, comm. orale). Ainsi, la famille Struchkov-Nikiforov passe une partie de l'automne et tout l'hiver dans ces maisons, et le reste de l'année sous la tente.

L'apparition de l'habitat en dur a été un facteur déterminant dans la réduction du degré de mobilité résidentielle, qui est nul pendant les 8 à 9 mois de la période hivernale, alors qu'auparavant le groupe changeait de campement environ tous les trois mois. Ce laps de temps paraît d'autant plus long lorsqu'on le compare au rythme de nomadisation hivernale d'autres groupes évenks du sud de la Yakoutie et du nord de la région de l'Amour (Monts Stanovoï), qui parcourent tous les 20 à 30 jours 40 à 80 km (Lavrillier, 2004).

Structures de combustion

Pour chauffer l'intérieur des habitations, les poêles « russes » en métal (*ohok*) semblent être utilisés au moins depuis le XIXᵉ siècle sous les tentes évenkes (Lavrillier, 2005).

Les poêles des maisons, semblables à ceux des tentes, sont plus grands mais conditionnent tout autant la taille du bois de feu utilisé, à l'inverse des feux extérieurs, qui ne sont mis en place par le groupe que nous avons observé qu'en l'absence de neige.

Fig. 1.7. Acheminement du bois de feu au campement par traîneau (photo A. Henry).

Approvisionnement en bois

La coupe du bois s'effectue grâce à l'utilisation conjointe de tous les outils modernes : scie, hache, tronçonneuse.

Enfin, la domestication du renne facilite son transport, notamment l'hiver, les rondins pouvant être acheminés au campement par traîneau (fig. 1.7) ; l'été, elle induit deux types de foyers spécialisés liés d'une part aux besoins du troupeau et, d'autre part, plus récemment, aux besoins économiques des éleveurs.

Cela étant, les fonctions recherchées des foyers intérieurs sont sans doute comparables à celles des foyers préhistoriques en termes d'activités : en période hivernale, le poêle assure à la fois le séchage de la viande et la décongélation-cuisson des aliments et de l'eau, ainsi que le chauffage (fig. 1.8). L'éclairage est assuré par une lampe à huile et/ou des bougies.

Cette description succincte du contexte dans lequel ont été recueillies nos données archéo-anthracologiques montre que le groupe humain

Fig. 1.8. Poêle de maison : cuisson des aliments, décongélation d'une tête de renne et de la glace de la rivière, chauffage de l'habitation (photo A. Henry).

La gestion du bois de feu à la fin de la période hivernale

Acquisition du combustible

Pour les Évenks que nous avons interrogés, le ramassage au sol du petit-bois (*gara*) ou du bois mort est rendu impossible pendant la saison hivernale du fait de l'épaisse couche de neige (jusqu'à 1,50 m par endroits). De plus, les possibilités techniques évoquées plus haut permettent un abattage du bois rapide et efficace, centré sur le bois mort sur pied (arbre entier mort, *olgokinmo*), disponible en quantité suffisante aux alentours du campement (fig. 1.9).

observé vit dans un cadre géographique, culturel et techno-économique fort différent de celui des chasseurs-cueilleurs-collecteurs préhistoriques. Par conséquent, les résultats de terrain ne peuvent pas donner matière à un transfert archéologique simple, et se doivent d'être considérés en tant qu'étude ponctuelle de la réponse d'un groupe en matière de gestion des combustibles, dans le contexte bien précis que nous avons évoqué. En outre, certaines informations présentées ici ne relevant pas de nos observations, mais de sources orales qui demandent à être confirmées par des observations ultérieures, doivent être prises avec réserve. Néanmoins, au sein de ce système, on retrouve d'emblée des éléments de notre modèle archéo-anthracologique susceptibles de modifier l'économie des combustibles d'un groupe, pour peu que notre échelle d'observation englobe plusieurs saisons. Durée d'occupation, taille du groupe, fonction et conformation des foyers et enfin, conditions climatiques, constituent autant de facteurs à considérer de prime abord.

Fig. 1.9. Débitage d'un arbre mort après abattage (photo A. Henry).

Dans d'autres campements (haltes de chasse et campement d'hiver permanent), nous avons noté la présence de mélèzes écorcés par Guénady Struchkov (chasseur et frère d'Egor Struchkov). Ce dernier incise le cambium, partie de l'arbre où circule la sève, et retire l'écorce (*ouklakta*) sur environ un mètre de haut (fig. 1.10) ; il utilise ces pans d'écorce pour recouvrir le toit de sa maison. Cette méthode, qui n'est appliquée qu'à des arbres de 30 à 60 cm de diamètre, entraîne leur dépérissement et assure ainsi en 4 ou 5 ans du bois mort sur

Fig. 1.10. Arbre écorcé par G. Struchkov (photo A. Henry).

pied. Autour du campement d'hiver de Guénady Struchkov, nous avons relevé une soixantaine d'arbres écorcés de cette manière. Le chasseur nous explique que les alentours sont pauvres en bois mort sur pied et qu'il devait aller couper son bois à plus d'un kilomètre de distance. À l'inverse, Egor Struchkov ne pratique pas l'écorçage car il a du bois mort en abondance, vestige d'un incendie qui a ravagé les alentours de son campement il y a plus de 20 ans. Maxim Goumeniouk, Egor et Guénady Struchkov ont déclaré que leurs grands-parents pratiquaient l'écorçage aux endroits où ils pensaient revenir s'établir quelques années plus tard, insistant sur le fait que les Évenks de l'époque nomadisaient en petits groupes très mobiles et que, par conséquent, leurs besoins étaient peu importants.

Une petite quantité de bois frais est également coupée chaque année. L'utilisation ponctuelle de bois frais (d'après Egor Struchkov, 1/10 de la consommation totale), plus abondant dans l'environnement immédiat que le bois mort, permet de moduler chauffage et cuisson en fonction des besoins des consommateurs. Le bois fraîchement abattu est privilégié pour le chauffage de nuit, ainsi que pour la cuisson lente des aliments (pain, plats réchauffés). Parallèlement, un stock d'environ 15 m^3 de bois frais est préparé afin de couvrir les besoins des deux premiers mois d'occupation de l'année suivante. Nous avons assisté à la constitution du stock prévu pour l'hiver 2006-2007, qui n'a pas nécessité plus d'une journée de travail, les arbres étant abattus et débités à la tronçonneuse, les rondins empilés au plus proche de leur lieu d'origine (fig. 1.11). Une habitante d'Ulgen racontant sa vie dans la taïga au début des années quarante, Tatiana Sofronova, a déclaré que sa famille passait une semaine à préparer un stock de même volume, à la hache et à la scie.

Fig. 1.11. Stock de bois pour l'hiver 2006-2007 (photo A. Henry).

Rayon d'approvisionnement

Nous avons constaté que les distances d'approvisionnement en bois sont toujours inférieures au rayon parcouru pour la réalisation d'autres activités effectuées dans ce campement (chercher de la glace dans la rivière, rassembler le troupeau). Ces distances sont variables selon l'état du bois.

La collecte de bois mort s'est toujours effectuée à moins de 800 m ; 500 m représentent, pour toutes les personnes interrogées (personnes âgées du village d'Ulgen, famille Struchkov-Nikiforov), une distance déjà considérable à parcourir pour se fournir en bois. Au sud, la proximité de la ripisylve ainsi que la topographie plus accidentée a limité ce rayon à 250 m. Quant au rayon d'acquisition du bois frais, il ne dépasse pas 50 mètres.

Chaque année, le réinvestissement du campement pour la durée d'occupation la plus longue du cycle de nomadisation induit une planification spatiale se traduisant par la rotation d'une parcelle du rayon d'acquisition tous les 2 ou 3 ans (Egor Struchkov, comm. orale).

Essences utilisées pour la combustion

Le territoire d'approvisionnement, peu diversifié au plan floristique (voire par endroits monospécifique), et un choix ne concernant que le mélèze, en font l'unique espèce abattue. Le mélèze (*iriaktè*) est considéré comme répondant de façon optimale aux fonctions voulues du foyer, alors que le bouleau (*tchalgan*) « est moins abondant, donne moins de chaleur, pourrit vite » et de façon symbolique, ne doit pas être utilisé comme bois de feu, surtout « si quelqu'un est souffrant », car sa maladie risquerait d'empirer. En effet, la fumée dégagée par la combustion du bouleau risquerait de nuire aux hommes et aux animaux (informations oralesfamille Struchkov-Nikiforov et Arkadiy Ponomariov, professeur d'histoire à Ulgen). Pendant l'hiver, le groupe n'entretient qu'un seul

foyer intérieur, le poêle en métal, qui est alimenté de bûches de mélèze calibrées. L'absence, dans le passé, de feux extérieurs en hiver a également été évoquée par Tatiana Sofronova.

Un exemple complémentaire montre que les années de « printemps avec neige », lorsque le bois mort au sol n'est pas disponible, les Évenks des Monts Stanovoï font des feux qu'ils alimentent de mélèzes de fin diamètre, coupés à la hache (Lavrillier, comm. écrite).

Gestion du bois de feu de mi-mai à fin septembre : informations orales

Du foyer interne aux feux externes non spécialisés

La fonte des neiges est favorable à la diversification des activités et des foyers de plein air. Le poêle n'est plus utilisé que ponctuellement pour chauffer l'habitation et cuire le pain. Un feu extérieur (*atou*) assure la cuisson des autres aliments et éloigne les insectes de la viande.

Des feux extérieurs supplémentaires destinés à la première étape du séchage de la viande peuvent être mis en place si une chasse heureuse a permis l'acquisition d'une grande quantité de viande d'élan ou de renne. Dans ce cas de figure, la viande sera séchée au-dessus d'un poêle, dans une tente réservée à cet effet. Ces foyers à fonction unique sont nourris, comme tout poêle en métal, de bûches calibrées, le mélèze étant probablement la principale essence représentée, à en juger par la récurrence de sa prépondérance quasi-absolue aux alentours des différents campements de la famille Struchkov-Nikiforov.

Fumage des peaux

Au printemps (mai-juin), on fume les peaux sur une structure conique (*nioutchinak*) prévue à cet effet. Le combustible utilisé est du bois de mélèze pourri (*iltè*), pulvérulent et de couleur rougeâtre, ramassé par sacs entiers, produisant « peu de chaleur et suffisamment de fumée » (Raïsa Nikiforova et Egor Struchkov, Tatiana Sofronova et Lydia Dimitriva, comm. orale). Le même combustible est employé par les Évenks des Monts Stanovoï (Lavrillier, 2005 ; comm. écrite). Emplir l'équivalent d'un sac de 50 kg de ce mélèze mort et altéré peut prendre entre une demi-heure et une heure, parfois même une demi-journée. Si le fumage n'est pas achevé à la fin du printemps, il le sera en automne, après la période estivale qui ne se prête pas à ce genre d'activité du fait de la mobilité élevée du groupe. De plus, c'est au printemps et en automne que sont réunies les conditions nécessaires à un boucanage des peaux réussi : beau temps, sol sec, température moyenne, vent faible et absence de neige (Raïsa Nikiforova, comm. orale).

Période estivale

La période estivale (de juillet à mi-août) voit l'apparition d'autres types de foyers spécialisés. Le premier demande un investissement important de la part du groupe, puisqu'il s'agit de maintenir pendant tout l'été de grands feux de fumée (diamètre de 1,50 m) (*Samnin*), autour desquels stationneront les rennes durant la journée, afin de se protéger des moustiques. Pour la production de fumée, on emploie généralement du bois vert fraîchement coupé. Lorsque la combustion est trop vive, on y ajoute de la mousse fraîche ou humectée. Le même procédé est décrit par Lavrillier (2005, t. II, p 32).

Le second type de foyer, d'apparition assez récente au sein de ce groupe, n'est pas mis en place systématiquement et s'inscrit dans le contexte économique actuel. Il est destiné au séchage des bois de rennes domestiques qui sont ensuite pulvérisés et vendus aux Chinois comme stimulant. Pour ces feux, on emploie exclusivement du bois de mélèzes secs (*niahamna*), morts sur pied. Le séchage s'effectue sous tente, à plein-temps, pendant deux à trois semaines, dans un, voire deux campements spécialisés.

DES DONNÉES ETHNOGRAPHIQUES À L'ANTHRACOLOGIE

Cette étude, menée dans une optique archéo-anthracologique, nous a permis d'entrevoir une partie du système de l'économie des combustibles pratiquée par un groupe nomade, d'autant plus complexe que les paramètres qui y interagissent varient au fil des saisons, voire de chaque occupation, en fonction de nombreux facteurs : températures, précipitations, nature de l'habitat, activités effectuées dans les campements, taille du groupe, etc. (fig. 1.12).

Bois de ramassage ou bois d'abattage : une fonction de la durée d'occupation ?

La distinction entre bois d'abattage et bois de ramassage a été définie principalement pour opposer deux états physiologiques du bois (le bois vert et le bois mort) dans les sites du Paléolithique pour lesquels la durée d'occupation peut constituer une contrainte aux activités de séchage. Nos observations ethnographiques nous amènent à préciser ces notions. Celle de bois d'abattage, dont le sens

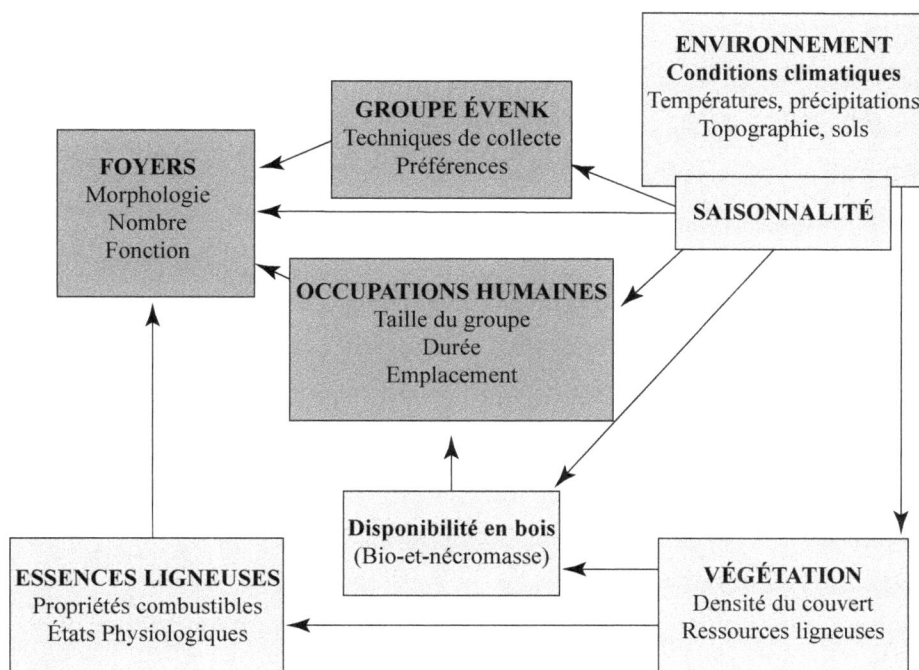

Fig. 1.12. Modèle de gestion du bois de feu du groupe évenk observé.

ne change pas, recouvre uniquement la collecte de bois vert, sur pied. Inversement, le bois de ramassage qui doit qualifier le bois déjà sec, englobe à la fois le bois mort ramassé au sol, mais également le bois mort sur pied, même si la collecte nécessite l'emploi d'outils d'abattage. L'emploi de bois mort au sol ou sur pied, traduit toujours le choix d'un état physiologique (du bois sec) mais prend, selon cette étude, une signification particulière. En effet, la neige apparaît comme un facteur limitatif à la collecte du bois au sol, praticable uniquement au cours de trois mois par an. Par conséquent, en présence de neige, le choix se porte principalement sur le bois mort collecté sur pied. Il convient donc d'introduire une précision dans l'emploi du vocable « ramassage » qui ne doit être utilisé que pour qualifier le bois mort ramassé au sol, pouvant présenter des traces d'altérations anatomiques susceptibles d'identifier cette pratique (Théry-Parisot, Texier, 2006). L'utilisation de bois ramassé sur le sol,

lorsqu'elle peut être mise en évidence par l'étude anthracologique, acquiert, dans ce contexte précis, une valeur diagnostique à caractère saisonnier, à savoir l'absence de neige.

Ce cas de figure ne peut être étendu à d'autres groupes, et encore moins transféré à l'archéologie préhistorique : dans ces conditions climatiques, chercher du bois mort sous la neige et faire des feux à l'air libre sont des actions possibles relevant finalement d'un choix et non d'une nécessité, puisque nous considérons que les groupes paléolithiques possédaient les capacités techniques pour pratiquer la coupe du bois (Théry-Parisot, 1998 ; 2001). Cela étant, il est à considérer que la coupe de branches ou d'arbres de petit calibre morts sur pied représente un investissement moindre que la recherche de petit-bois, gelé sous une importante couche de neige. Par conséquent, l'abattage du bois au Paléolithique pourrait dépendre au moins autant de la saison que de la durée d'occupation et l'hypothèse énoncée pour le site de La Combette, dans lequel le bois de ramassage constitue l'essentiel du bois utilisé, pourrait être à la fois nuancée et étoffée (Théry-Parisot, Texier, 2006). Sur ce site, le traitement des produits de la chasse étant la principale activité attestée (*Ibid.*), rien ne nous interdit de penser que la collecte au sol de conifère altéré ne renvoie pas forcément à la courte durée des occupations mais peut-être à une activité spécialisée en relation avec le statut fonctionnel du gisement, occupé à une saison qui s'y prêtait en raison de l'absence de neige facilitant le ramassage du bois au sol.

Chez le groupe observé, nous avons vu que la relation entre durée d'occupation et stratégies d'acquisition (abattage-ramassage) n'est, somme toute, pas clairement établie, ces dernières dépendant bien plus de la saison, de la conformation du foyer et/ou des types d'activités effectuées. Cependant, cela ne veut pas dire que des modalités de collecte spécifiques – souvent variables entre groupes – n'interviennent pas en fonction des durées d'occupation, des réinvestissements des campements, ou encore de la quantité de bois mort (sur pied ou au sol) accessible.

Gestion du bois, combustible et mobilité

D'après les observations et les enquêtes orales effectuées, il apparaît, conformément aux hypothèses anthracologiques, que le territoire d'approvisionnement en bois est très inférieur au territoire exploité pour les autres activités. Cela se vérifie même au campement d'hiver de la famille étudiée, habité pendant huit à neuf mois de l'année depuis

vingt ans et ce, bien que l'approvisionnement ne concerne qu'une seule espèce.

Selon nos observations ainsi que celles réalisée par A. Lavrillier sur d'autres groupes évenks (Lavrillier, 2004), le mélèze ramassé ou collecté mort sur pied, sélectionné en priorité autour des campements, est le principal combustible employé par les nomades. Lorsque ce dernier se raréfie, diverses stratégies peuvent intervenir. La famille avec laquelle nous avons travaillé abat du mélèze frais (foyer, stockage), ou « produit » son propre bois mort sur pied (écorçage), alors que les groupes des Monts Stanovoï emploient du bois mort d'autres essences, sapin ou bouleau « faute de mieux » (Lavrillier, comm. écrite).

Mais bien plus qu'une réponse aux contraintes de l'environnement, ces stratégies nous renseignent sur la volonté de ces groupes de continuer à occuper leur(s) campement(s), tout en choisissant de ne pas élargir leur territoire d'approvisionnement au-delà d'une certaine limite. Ainsi, la famille Struchkov-Nikiforov, qui n'a pas les moyens de se construire une autre maison, réoccupe-t-elle le campement d'hiver, en dépit du fait que les hommes doivent aller de plus en plus loin chercher les rennes, qui ne trouvent plus de nourriture à proximité. Inversement, la famille a abandonné un de ses campements de printemps suite à une pénurie de bois engendrée par la déforestation du secteur liée au fonctionnement d'une centrale hydro-électrique.

En d'autres termes, l'intérêt à occuper ou réoccuper un endroit n'existe qu'à partir du moment où l'attractivité générale de l'emplacement est supérieure à l'effort supplémentaire induit du fait de l'éloignement (de facto ou progressif) d'une ou de plusieurs ressources primordiales.

Les éleveurs d'Ulgen avec lesquels nous avons travaillé ont défini ces ressources comme autant de conditions préalables à leur installation : présence d'eau, de bois, de pâturages pour les rennes et d'un sol assez sec pour l'installation des tentes. Toutes ces conditions matérielles, réunies systématiquement en l'absence de neige, ont également été notées par Lavrillier (2004).

Suite à ces considérations, on peut très bien imaginer que la présence de combustible directement exploitable pouvait constituer, au même titre que l'eau, par exemple, un critère dans le choix des campements préhistoriques.

En ce sens, les pratiques du stockage et de l'écorçage relèvent, à travers leur raison première « organiser au préalable la (les) occupation(s) suivante(s) », d'une gestion tout autre qu'opportuniste de la ressource ligneuse. Ces actions confèrent au territoire parcouru une empreinte humaine rapidement identifiable par d'autres groupes.

Chez les Évenks, chaque groupe a son territoire de nomadisation, qui ne représente pas sa propriété exclusive ; cependant, l'installation sur le territoire d'un groupe requiert un accord préalable (Lavrillier, 2004). De même, les campements de la famille Struchkov-Nikiforov peuvent être investis en son absence par quiconque respecte les lieux et laisse le bois nécessaire, au moins pour le premier feu. Dans ce contexte, où l'interconnaissance des groupes est bonne, aucune famille n'utilise le stock de bois préparé par une autre sans compensation.

La bonne ou mauvaise entente entre groupes présents sur un même territoire est une inconnue majeure au Paléolithique. C'est une des raisons pour laquelle stocker le bois au sol ou le stocker « sur pied » (écorçage) sont des choses à notre avis très différentes.

Si le stockage « conduit » les groupes à réinvestir le site dans les deux ans suivant la coupe du bois (Théry-Parisot, Texier, 2006), voire de surveiller périodiquement le stock, il n'en est pas de même de l'écorçage ; en cas de non-réinvestissement du site pour diverses raisons, c'est uniquement le bois et non l'effort qui est perdu pour le groupe à l'origine de l'écorçage.

Les durées d'exploitation sont bien supérieures à celles du stockage à diamètre d'arbre équivalent, et relèvent par là même d'une projection dans l'avenir plus importante, mais qui acquiert un caractère moins catégorique dans la mesure où le groupe a prévu, mais pas forcément planifié son retour.

Enfin, les pratiques de l'écorçage et/ou du stockage, bien qu'elles soient loin d'être mises en évidence en archéologie, nous renseignent sur un aspect important des sociétés nomades, à savoir que coexistent sans doute plusieurs degrés d'anticipation et d'organisation dans les déplacements et les modalités des occupations d'un groupe.

Choix du bois, fonction des foyers et saisonnalité

Les modalités de la collecte de combustible se font principalement en fonction de l'usage auquel il est destiné. Les foyers spécialisés, extérieurs, n'étant mis en place qu'en l'absence de neige, et acquérant de fait un caractère saisonnier, les Évenks ont donc le choix entre bois de ramassage et bois d'abattage. Dans ce cas de figure, c'est principalement l'état physiologique du bois qui induit les modalités d'acquisition ; les feux de fumée destinés à éloigner les insectes des rennes nécessitent du bois vert, alors que le fumage des peaux, sous tente, se fait uniquement avec du bois très altéré, qui se trouve au sol, dans la forêt. Le séchage des bois de renne se faisant sous tente avec des bûches calibrées de bois parfaitement sec, c'est le bois mort sur pied qui répond le mieux aux besoins du groupe.

Par ailleurs, nous avons ici l'exemple d'une activité liée au feu à caractère saisonnier (les bois de renne doivent être coupés sur l'animal lorsqu'ils sont encore tendres), dont la réalisation a des répercussions sur la mobilité du groupe : le séchage est une activité très prenante pendant trois semaines. Ne pouvant être interrompu, le procédé nécessite au minimum 15 jours dans un même campement pour être éventuellement achevé ailleurs, alors qu'auparavant la famille Struchkov-Nikiforov passait, à cette période de l'année, au maximum quatre jours dans un même endroit.

Il est probable qu'au Paléolithique, la présence de combustible approprié aux alentours des sites ait été un paramètre acquérant plus ou moins d'importance selon leur fonction et/ou la saison, d'où la nécessité, pour l'anthracologue, d'obtenir le plus d'informations possibles sur la nature des occupations à travers les échanges avec différents spécialistes. En période hivernale, le mode de gestion du bois de la famille Struchkov-Nikiforov, organisé autour d'un seul foyer permanent, est relativement simple. La longue période hivernale correspond au moment de l'année où les besoins en

énergie/combustion du groupe sont le plus faibles, se concentrant autour d'un seul foyer, et les activités liées au feu finalement le moins diversifiées. Inversement, le mode de gestion plus complexe des autres saisons semble plus à même de produire des résidus de combustion diversifiés, probablement plus représentatifs du milieu local à travers l'utilisation d'un bois de ramassage. Cette complexification en termes de gestion se traduit par l'augmentation du nombre de foyers, des types de combustibles et des modes d'approvisionnement.

Comme nous l'avons vu, le contexte climatique mais aussi les conditions météorologiques déterminent les activités liées au feu au fil des saisons et les modes d'acquisition, qui se diversifient à la fonte des neiges.

Cette diversification correspond également au moment de l'année où les besoins énergétiques du groupe sont le plus importants, en raison de la multiplication des foyers (apparition des feux domestiques extérieurs, des foyers spécialisés, augmentation de la taille du groupe pendant l'été) et à l'évolution de leur conformation : par exemple, la taille réduite des poêles de tente entraîne une hausse de la consommation en bois pour une durée de fonctionnement équivalente. Pour illustration, rappelons qu'une des occupations estivales, très courtes, de la seule famille Struchkov-Nikiforov, compte, au minimum, trois *samnin* (feux de fumée) pour les rennes, un feu domestique extérieur, deux foyers intérieurs (un pour chaque tente), auxquels peuvent s'ajouter le nombre nécessaire de feux de séchage de la viande et la structure du séchage des bois de rennes si l'on est à la fin juin, sans compter les foyers supplémentaires dus à l'arrivée des gens du village.

Pendant le Paléolithique, un nombre maximum d'activités spécialisées et non spécialisées serait présent sur les sites pour peu que la durée d'occupation fût assez longue. Cette hypothèse reprise par Théry-Parisot (1998) mettant en relation directe diversification des activités et durée d'occupation correspond à l'inverse de ce que nous avons observé en ce qui concerne les activités liées au feu. Pendant les huit à neuf mois de neige, le groupe est replié sur lui-même, une partie de l'hiver est employée à chasser ; lorsqu'il fait trop froid, on vit sur ses réserves. Les produits de la chasse ne sont pas traités par le feu pour être conservés l'hiver, puisqu'ils peuvent être congelés ; les peaux sont séchées au vent hivernal, le fumage ne se faisant qu'au printemps, dans un autre campement, lorsqu'il fait « ni trop chaud, ni trop froid » (Raïsa Nikiforova). Là encore, c'est bien le contexte saisonnier, et non pas la durée d'occupation, qui est à mettre en relation avec la diversification des activités liées au feu.

Dans la taïga de cette partie de la région de l'Amour, le mélèze représente « l'essence la plus abondante, qui donne le plus de bois mort » (Arkadiy Okhlopov, comm. orale). Cependant, les raisons le plus souvent évoquées concernant le choix du mélèze comme combustible sont qu'il est « un très bon combustible » (famille Struchkov-Nikiforov, Arkadiy Okhlopov, comm. orale), « le meilleur » (Lavrillier, comm. écrite). L'utilisation d'autres essences, qui est une possibilité, renvoie aux aléas de la collecte (feux alimentés de bois de ramassage), ou bien à une pénurie de mélèze (Évenks des Monts Stanovoï) et non pas à une gestion opportuniste de la ressource ligneuse. De même, le rejet systématique d'autres essences comme bois de feu relève d'interdits présents aussi

bien chez les Évenks de la région d'Ulgen que chez ceux des Monts Stanovoï : le bouleau pour les premiers, le pin – probablement *Pinus sibirica* et/ou P. *sylvestris,* qui sont pour ainsi dire absents des zones où nomadisent les Évenks d'Ulgen – pour les seconds (Lavrillier, 2004 ; comm. écrite), ne se rencontreront jamais dans leurs foyers.

Des résidus de combustion à l'interprétation anthracologique

L'étude ethno-anthracologique menée au sein de ce groupe évenk corrobore le fait que l'essence dominante dans le diagramme anthracologique qui résulterait de l'étude des charbons de bois des foyers évenks, à savoir le mélèze, correspond bel et bien à la réalité (Chabal, 1991 ; 1997) ; les essences « rares », bouleaux et épicéa qui poussent à proximité du campement d'hiver dans lequel nous avons séjourné, sont absentes.

L'image anthracologique de la végétation est ainsi strictement micro-locale (le combustible est prélevé dans un rayon d'un kilomètre au maximum) : elle peut être relativement proche de la composition réelle du rayon d'approvisionnement, mais en aucun cas elle ne reflète la diversité des essences de la taïga, présentes à moins de deux kilomètres du campement (formations de ripisylve et de flanc de colline).

En termes d'interprétation, les résidus de combustion monospécifiques issus du poêle de la famille Struchkov-Nikiforov renvoient donc à la fois à la pauvreté relative de l'aire d'approvisionnement et à la sélection par l'homme (choix et interdits), cette dernière étant à l'origine des distorsions entre les essences effectivement présentes sur l'aire d'approvisionnement et ce que l'on retrouve dans le foyer.

Ces considérations appellent les remarques suivantes :

1) Dans un contexte périglaciaire, qui n'est certes pas celui de la toundra, mais où les conditions climatiques sont tout de même très rigoureuses, les choix de l'approvisionnement d'un groupe de petite taille peuvent ne porter que sur la sélection d'une seule essence, même lorsque sa mobilité est réduite et son lieu d'implantation récurrent.

2) Cette essence, sous ses différents états – sec, plus ou moins altéré et vert – suffit à répondre de façon optimale à toutes les fonctions des foyers.

3) Le cumul des résidus de combustion issus d'occupations répétées peut ne jamais fournir un reflet fidèle des essences présentes dans l'aire d'approvisionnement, parce que le choix spécifique peut représenter une composante forte du système d'économie du bois de feu et, par là même, être indépendante de la durée d'occupation.

En ce sens, la mise en évidence de la provenance du bois et/ou des modalités de la collecte représente un enjeu majeur menant à appréhender la complexité et la diversité des systèmes de gestion du combustible ligneux, permettant également un retour sur la qualité de l'information paléoécologique livrée par le dépôt anthracologique pour chaque contexte spécifique.

CONCLUSIONS

L'objectif de ce premier terrain n'était en aucun cas d'établir des transferts directs entre l'observation ethnographique et l'interprétation archéo-
anthracologique, mais de confronter nos hypothèses à une situation réelle. Le modèle théorique, fondé à la fois sur des hypothèses et des résultats anthracologiques, est apparu pertinent, puisque les paramètres définis comme interagissant au sein de ce système, se retrouvent, à différents niveaux, dans l'organigramme résultant de nos observations ethnographiques (fig. 12).

Ces observations invitent principalement à porter une attention toute particulière aux conditions climatiques et, par extension, au caractère saisonnier des occupations humaines, souvent délicat à mettre en évidence en archéologie.

La gestion des combustibles du groupe nomade avec lequel nous avons travaillé peut être schématiquement partagée entre saison avec neige et saison sans neige, lesquelles déterminent les stratégies d'acquisition, le type et le nombre de foyers et, enfin, les activités liées au feu.

La durée d'occupation (mobilité), qui est elle-même subordonnée à la saisonnalité, n'influence que très secondairement la nature des dépôts. Ces derniers ne permettent pas, au niveau anthracologique, de percevoir la complexité du système d'économie des combustibles du groupe dans sa globalité, variable dans le temps (saisons), mais aussi dans l'espace (campements).

Cela étant, cette même complexité fournit en retour une base de réflexion plus large et surtout moins dualiste, quant à la composition des dépôts anthracologiques et permettra sans aucun doute, d'affiner ou de nuancer nos interprétations.

Remerciements

Ce terrain a été financé par le Ministère de la Recherche, dans le cadre de l'ACI TTT « Adaptations biologiques et culturelles : Le Système Renne », dirigée par Sylvie Beyries, à qui nous exprimons toute notre gratitude pour nous avoir permis de participer à cette aventure ainsi que pour la relecture attentive de ce manuscrit. La réalisation de cette mission n'aurait pas été possible sans l'aide, sur place, d'Alexandra Lavrillier, docteur en Anthropologie, et des professeurs de l'Université de Blagovechtchensk Andreï Zabiyako, Olga et Nikolaï Kukharenko, qui ont organisé au mieux notre séjour.

En ce qui concerne tous les aspects pratiques de notre séjour à Ulgen et dans la taïga, nos remerciements vont à Larissa Sadaeva, Maire d'Ulgen et à son époux.

Enfin, nous tenons à remercier chaleureusement les personnes qui sont à l'origine des données présentées ici : Alexandra Lavrillier, qui a répondu à notre questionnaire sur le bois de feu pour un groupe évenk des Monts Stanovoï ; Lydia Dmitriva et Tatiana Sofronova qui nous ont raconté leur jeunesse dans la taïga ; Arkadiy Okhlopov, Maxim R. Goumeniouk et Arkadiy Ponomariov qui nous ont fait bénéficier de leur savoir sur le mode de vie et l'histoire des Évenks. Enfin, nous remercions tout particulièrement la famille Struchkov-Nikiforov : Raïsa Nikiforova, Ludmila Solov'eva, Egor et Guénady Struchkov et Sergueï Nikiforov, nos hôtes au grand coeur, qui ont toujours répondu à nos questions avec enthousiasme et intérêt.

BIBLIOGRAPHIE

ALIX, C. ; BREWSTER, K. (2005) – Not all driftwood is created equal : wood use and value along the Yukon and Kuskowim Rivers, Alaska. *Alaska Journal of Anthropology.* 2, 1, p. 2-19.

ALLUÉ, E. (2006) – Análisis antracológico. Una disciplina arqueobotánica para el conocimiento del paisaje vegetal y la explotación de los recursos forestales. In *Actas del I Congreso de Analíticas aplicadas a la arqueología.* Igualada, Febrero 2005.

AUDOUIN-ROUZEAU, F. ; BEYRIES, S. dir., (2002) – *Le travail du cuir de la Préhistoire à nos jours.* Actes des XXIIe rencontres internationales d'archéologie et d'histoire d'Antibes (octobre, 2001). Antibes : APDCA, 496 p.

AUDOUZE, F. (1988) – Des modèles et des faits : les modèles de A. Leroi-Gourhan et L. Binford confrontés aus résultats récents. *Bulletin de la Société préhistorique française.* 85, p. 343-352.

AUDOUZE, F. ; DAVID, F. ; ENLOE, J. G. (1989) – Habitats magdaléniens : Les apports des modèles ethno-archéologiques. Magdalenian settlements : the contributions of ethno-archaeological methods. *Archéologie en France métropolitaine.* 73 p.

BEYRIES, S. ; PÉTREQUIN, P. eds. (2001) – *Ethnoarchaeology and its transfers. Papers from a session held at the European association of archaeologists. Fifth annual meeting in Bournemouth 1999.* Oxford : BAR Publishing. 134 p. (BAR International Series ; 983).

BINFORD, L. R. (1983) – *In Pursuit of the Past : Decoding the Archaeological Record.* New York : Thames and Hudson, 256 p.

BREICHER, H. ; CHABAL, L. ; LECUYER, N. ; SCHNEIDER, L. (2002) – Artisanat potier et exploitation du bois dans les chênaies du nord de Montpellier au XIIIe s. (Hérault, Argelliers, Mas-Viel). *Archéologie du Midi médiéval.* 20, p. 57-106.

CHABAL, L. (1991) – *L'Homme et l'évolution de la végétation méditerranéenne, des âges de métaux à la période romaine : recherches anthracologiques théoriques, appliquées principalement à des sites du Bas-Languedoc*. Thèse de doctorat. Montpellier : Université de Sciences et Techniques du Languedoc. 435 p.

CHABAL, L. (1992) – La repésentativité paléoécologique des charbons de bois archéologiques issus du bois de feu. In VERNET J.-L. ed. – *Les charbons de bois, les anciens écosystèmes et le rôle de l'homme*. Actes du colloque (Montpellier, septembre 1991). *Bulletin de la Société botanique de France*. 139, 2/3/4, p. 213-236.

CHABAL, L. (1994) – Apports récents de l'anthracologie à la connaissance des paysages passés : performances et limites. *Histoire et Mesure*. 11, 3/4, p. 317-338.

CHABAL, L. (1997) – *Forêts et sociétés en Languedoc (Néolihique final, Antiquité tardive). L'anthracologie, méthode et paléoécologie*. Paris : Maison des Sciences de l'Homme. 189 p. (Documents d'Archéolgoie Française ; 63).

CHRZAVZEZ, J. (2006) – *Collecte du bois de feu et paléoenvironnements au paléolithique. Apport méthodologique et étude de cas : la grotte de Fumane dans les Pré-Alpes Italiennes*. Mémoire de master 2. Paris : Université de Paris I. 76 p.

COUDART, A. (1992) – Sur l'analogie ethnographique et l'ethnoarchéologie et sur l'histoire des rapports entre archéologie et ethnologie. In GARANGER, J., *et al.* eds. – *La Préhistoire dans le monde*. Paris : Nouvelle Clio. PUF, p. 248-263.

DAVID, F. ; D'IACHENKO, V. I. ; KARLIN, C. ; TCHESNOKOV, Y. (1998) – Des magdaléniens du bassin parisien aux dolganes du Taïmyr. *Techniques et culture*. 30 p.

DUFRAISSE, A. (2005) – Économie du bois de feu et sociétés néolithiques. Analyses anthracologiques appliquées aux sites d'ambiance humide des lacs de Chalain et de Clairvaux (Jura, France). *Gallia Préhistoire*. 47, p. 187-233.

GALLAY, A. (1980) – Réflexion sur le concept d'ethnoarchéologie. *Les nouvelles de l'archéologie*. 4, p. 34-42.

GALLAY, A. ed. (1991) – *Itinéraires archéologiques I*. Document du département d'Anthropologie et d'Écologie de l'Université de Genève. Genève, 7-13 p.

HAYDEN, B. (1979) – *Paleolithic Reflections : Lithic technology and ethnographic excavation among Australian Aborigines*. New Jersey : USA Humanities Press.

HAYDEN, B. (1981) – Subsistence and ecological adaptations of modern hunter-gatherers. In HARDING, R. S. O. ; TELEKI, G., eds. – *Omnivorous Primates*. New York : Columbia University Press, p. 344-421.

HODDER, I. (1982) – *The Present Past : An Introduction to Anthropology for Archaeologists*. London : B. T. Batsford.

KARLIN, C. ; PIGEOT, N. ; PLOUX, S. (1992) – L'ethnologie préhistorique. *La Recherche*. 247, p. 1106-1116.

KRAMER, C., ed. (1979) – *Ethnoarchaeology. Implications of Ethnography for Archaeology*. New York : Columbia University Press.

LAVRILLIER, A. (2004) – S'orienter avec les rivières chez les Évenks du Sud-Est sibérien. Un système d'orientation spatial, identitaire et rituel. *Études mongoles et sibériennes*. 36, p. 1-35.

LAVRILLIER, A. (2005) – *Nomadisme et adaptations sédentaires chez les Évenks de Sibérie postsoviétique : « jouer » pour vivre avec et sans chamanes*. Thèse de doctorat. Paris :EPHE. 559 p.

MARGUERIE, D. (1992) – *Évolution de la végétation sous l'impact humain en Armorique du Néolithique aux périodes historiques*. Thèse de doctorat. Rennes : Université de Rennes I. 313 p.

NTINOU, M. (2002) – *La Paleovegetación en el norte de Grecia desde el Tardiglaciar hasta el Atlántico : formaciones vegetales, recursos y usos*. Oxford : BAR Publishing. 268 p. (BAR International Series ; 1038).

PERLÈS, C. (1977) – *Préhistoire du Feu*. Paris : Masson, 180 p.

SOLARI, M.-E. (1992) – Anthracologie et ethnoarchéologie dans l'archipel du Cap Horn (Chili). In VERNET, J.-L. ed. – *Les charbons de bois, les anciens écosystèmes et le rôle de l'homme*. Actes du colloque (Montpellier, septembre 1991). *Bulletin de la Société botanique de France*. 139, 2/3/4, p. 407-420.

SPURLING, B. ; HAYDEN, B. (1984) – Ethnoarchaeology and intrasite spatial analysis : A case study from the Australian Western Desert. In HIETALA, H., eds. –

Intrasite Spatial Analysis. Cambridge: Cambridge University Press, p. 224-241.

TENGBERG, M. (1998) – *Paléoenvironnements et économie végétale en milieu aride: recherches archéobotaniques dans la région du Golfe arabo-persique et dans le Makran pakistanais (4ᵉ millénaire av. notre ère-1ᵉʳ millénaire de notre ère)*. Thèse de doctorat. Montpellier: Université de Montpellier II. 276 p.

TENGBERG, M. (1999) – L'Exploitation des ligneux à Mleiha: étude anthracologique. In MOUTON, M., eds. – *Mleiha. I: environnement, stratégies de subsistance et artisanats*. Lyon: Travaux de la Maison de l'Orient, p. 71-82.

THÉRY-PARISOT, I. (1998) – *Économie du combustible et paléoécologie en contexte glaciaire et périglaciaire, Paléolithique moyen et supérieur du sud de la France*. Thèse de doctorat. Paris: Université de Paris I. 2 t., 500 p.

THÉRY-PARISOT, I. (2001) – *Économie des combustibles au Paléolithique. Expérimentation, anthracologie, Taphonomie*. Paris: CNRS Éditions. 196 p. (Dossiers de documentation archéologique; 20).

THÉRY-PARISOT, I. (2002) – Gathering of firewood during the Palaeolithic. In THIÉBAULT, S., ed. – *Charcoal Analysis. Methodological Approaches, Palaeoecological Results and Wood Uses*. Oxford: BAR Publishing. p. 243-249. (BAR International Series; 1063).

THÉRY-PARISOT, I.; MEIGNEN, L. (2000) – Économie des combustibles (bois et lignite) dans l'abri moustérien des Canalettes. *Gallia Préhistoire*. 42, p. 45-55.

THÉRY-PARISOT, I.; THIÉBAULT, S., (2005) – Le Pin (*Pinus sylvestris*): préférence d'un taxon ou contrainte de l'environnement. Étude des charbons de la Grotte Chauvet. In GENESTE, J.-M., ed. – Recherches pluridisciplinaires dans la grotte Chauvet. Actes des Journées Nationales de la Société Préhistorique Française (Lyon, octobre 2003). *Bulletin de la Société préhistorique française*, 102, 1, p. 69-75.

THÉRY-PARISOT, I.; TEXIER, P.-J. (2006) – L'utilisation du bois mort dans le site moustérien de la Combette (Vaucluse). Apport d'une approche morphométrique des charbons de bois à la définition des fonctions de site, au Paléolithique. *Bulletin de la Société préhistorique française*. 103, 3, p. 453-463.

UZQUIANO, P. (1992) – *Recherches anthracologiques dans le secteur Pyrénéo-Cantabrique*. Thèse de doctorat. Montpellier: Université de Montpellier II. 321 p.

UZQUIANO, P. (1997) – Antracología y métodos: Implicaciones en la Economía Prehistórica, Etnoarqueología y Paleoecología. *Trabajos de Prehistoria*. 54, 1, p. 145-154.

VALLVERDU, J.; ALLUÉ, E.; BISCHOFF, J. L.; CÁCERES, I.; CARBONELL, E.; CEBRIÀ, A.; GARCÍA ANTÓN, D.; HUGUET, R.; IBÁÑEZ, N.; MARTÍNEZ, K.; PASTÓ, I.; ROSELL, J.; SALADIÉ, P.; VAQUERO, M. (2005) – Short human occupations in the Middle Palaeolithic level i of the Abric Romaní rock-shelter (Capellades, Barcelona, Spain). *Journal of Human Évolution*. 48, p. 157-174.

VERNET, J.-L., éd. (1973) – Étude sur l'histoire de la végétation du sud-est de la France au Quaternaire, d'après les charbons de bois principalement. *Paléobiologie continentale*. 4, 1, 90 p.

ZVELEBIL, M.; FEWSTER, K. J. (2001) – Ethnoarchaeology and Hunter-Gatherers: Pictures at an Exhibition. In FEWSTER, K. J.; ZVELEBIL, M., eds. – *Ethnoarchaeology and Hunter-Gatherers: Pictures at an Exhibition*. Oxford: BAR Publishing. p. 143-157. (BAR International Series; 955).

GESTION DES COMBUSTIBLES DANS LA PROVINCE DE JUJUY (PUNA, ARGENTINE) DEPUIS L'HOLOCÈNE ANCIEN : CROISEMENT DES RÉSULTATS ETHNOLOGIQUES ET ANTHRACOLOGIQUES

Delphine JOLY*, Ramiro MARCH*,
Dominique MARGUERIE* et Hugo YACOBACCIO**

Abstract. This study of fuelwood used in an altitude hunter-gatherer site is based on two kinds of data. A part was obtained by the anthracological study of Hornillos 2 excavation and another part by the actual testimony of the local wood utilisation by inhabitant of a near village. By this double approach, we were able to have a better understanding of how fuelwood was managed in this particular zone, the argentine dry Puna where wood is rare and exclusively present as bush.

Keywords. Anthracology, firewood, ethnoarchaeology, Puna, Argentina.

Résumé. Cette étude du combustible utilisé dans un site de chasseurs-cueilleurs d'altitude est basée sur deux types de données. L'un d'eux repose sur l'étude anthracologique du site d'Hornillos 2 et l'autre sur les témoignages des habitants du village proche de Susques (Province de Jujuy, Argentine) concernant l'utilisation actuelle du bois local. Par cette double approche, nous avons pu mieux comprendre comment a été géré le combustible dans une zone particulière, la Puna sèche argentine où le bois est rare et présent uniquement sous forme d'arbustes.

Mots-clés. Anthracologie, combustible, ethnoarchéologie, Puna, Argentine.

INTRODUCTION

Le combustible est un élément indispensable à la vie quotidienne. Actuellement, les combustibles « traditionnels » représentent près de 11 % du total de l'énergie consommée en 2001 dans le monde. Dans les pays en voie de développement, cela représente 21,4 % (PNUB, 2004). Dans de nombreuses régions du monde (Asie, Afrique…), son emploi demeure d'une grande importance. Détudes lui sont d'ailleurs consacrées car c'est une ressource locale dont dépend la population (Bhatt, Todaria, 1990 ; Abbot *et al.*, 1997 ; Abbot, Lowore, 1999 ; Jain, Singh, 1999 ; Bhatt, 2002 ; Kataki, Konwer, 2001 ; Mc Peak, 2002 ; Tabuti *et al.*, 2003 ; Bhatt, Sachan, 2004). Il existe différentes méthodes permettant d'étudier ces combustibles. En archéologie, c'est le plus souvent l'anthracologie qui est

* UMR 6566 CREAAH, Archéosciences-Rennes, université de Rennes 1, campus de Beaulieu, bât 24-25, 35042 Rennes cedex, France, delphine.joly@yahoo.fr

** Section Archéologie, Université de Buenos Aires, 25 de Mayo 217, 3ᵉ étage, (C1002ABE) 1002 Buenos Aires, Argentine.

employée pour l'étude des charbons. Mais, d'autres méthodes comme l'expérimentation en four (Shipman *et al.*, 1984; Nicholson, 1993; Denys, 2002; Roberts *et al.*, 2002; Joly, March, 2003) ou en conditions réelles (March, 1992; Costamagno *et al.*, 1998; Théry-Parisot, 2001; Théry-Parisot, Costamagno 2005) ou les analyses physico-chimiques (Brain, 1993; Person *et al.*, 1995; Albert *et al.*, 2000; Reiche *et al.*, 2002; Joly, March, 2003; Joly *et al.*, 2005) se sont peu à peu développées afin d'analyser les différents types de combustibles utilisés (bois, os, lignite…). Cependant les études ethnoarchéologiques détaillant les modalités d'utilisation du combustible de façon exhaustive, sont plutôt rares.

Lors de la fouille du site d'Hornillos 2, des quantités importantes de charbons ont été dégagées. Il s'agit d'un site occupé par des chasseurs-cueilleurs dont la stratigraphie couvre une longue période (environ 3 000 ans) allant de l'Holocène ancien à l'Holocène moyen (Yacobaccio *et al.*, sous presse). Si des sites appartenant aux périodes de premiers peuplements de la région ont été découverts, notamment dans la Puna salée, il n'y avait jusqu'alors pas de site daté de la limite avec l'Holocène moyen.

Dans cette zone de la Puna sèche d'Argentine, des communautés utilisent encore le bois local comme combustible principal. Susques est un village proche du site archéologique où la plupart des habitants ont un mode de vie traditionnel lié au pastoralisme. Ils récoltent et utilisent le bois de la Puna comme combustible.

Bien que le type de société soit différent, nous pensons que l'étude des résidus de combustibles archéologiques jointe à celle des pratiques actuelles grâce à des méthodes différentes basées à la fois sur l'observation du matériel (études anthracologiques des charbons archéologiques et actuels), l'observation des comportements et le témoignage des habitants, peut nous permettre de comprendre comment est géré le bois de feu sur le temps long dans cette région de la Puna sèche, comment il est ramassé, utilisé et quelles sont les connaissances mises en œuvre. Voici donc les objectifs de notre travail, dont nous voulons présenter ici les premiers résultats. Cette étude est préliminaire et ne comporte qu'un faible nombre de données.

CADRE ENVIRONNEMENTALE DE CETTE ÉTUDE

La Puna est un désert d'altitude, localisée entre 3 400 et 4 300 m d'altitude et composé d'une steppe arbustive. Le climat, aride, est caractérisé par une forte amplitude thermique journalière pouvant atteindre 30 °C, une forte radiation solaire due à l'altitude et une basse pression atmosphérique. Elle présente aussi une forte variabilité de l'humidité et des ressources à une échelle locale, comme paraissent le suggérer certaines recherches réalisées dans plusieurs localités andines (Betancourt *et al.*, 2000; Núñez *et al.*, 2001; Yacobaccio, Morales, 2005). La végétation de cette région est de type xérique, dépourvue d'arbres; elle se compose principalement d'herbacées et d'arbustes ne dépassant pas 1,5 m. Ce sont ces derniers qui sont utilisés comme combustible par les communautés locales. En ce qui concerne l'ensemble de la flore, il existe plusieurs genres endémiques parmi lesquels: *Parastrephia, Lampaya, Chersodoma, Eustephiopsis, Oreocereus, Lophopappus,* etc. Plusieurs formations végétales ont été identifiées par Cabrera et reprises par Schnell (1987). La première, la plus caractéristique de la Puna sèche, est une association comprenant les espèces suivantes : *Fabiana densa, Psila boliviensis* et *Adesmia horridiscula* avec plusieurs variantes (Cabrera, 1957 ; Schnell, 1987). Le deuxième groupement, avec une domination de *Psila boliviensis,* se rencontre dans l'est de la Puna sèche. Un troisième, très fréquent, composé de *Parastrephia lepdophylla, Parastrephia phylicaeformis,* se rencontre dans les dépressions sableuses et sur les rives de cours d'eau (Schnell, 1987). Enfin le quatrième, à dominante de *Festuca scirifoli,* est plutôt présent sur les sols humides et salés (Cabrera, 1957), et le dernier à *Pennisetum chilense* dominant se trouve plutôt sur les sols sableux humides (Schnell, 1987).

MÉTHODOLOGIE EMPLOYÉE

En ce qui concerne l'utilisation actuelle de bois comme combustible, nous avons recueilli des données au cours de deux séjours, un au printemps et l'autre en automne, dans le village de Susques (Province de Jujuy, Argentine). En plus de l'observation générale des pratiques liées aux combustibles, un questionnaire concernant les connaissances et l'utilisation du bois comme combustible a été réalisé auprès de dix-sept familles correspondant à dix-sept individus, neuf femmes et huit hommes, dont l'âge varie entre 10 et 60 ans environ. D'autre part, nous avons accompagné une famille lors d'une journée de collecte de bois effectuée à environ cinq kilomètres du village. Enfin, deux échantillons de charbons provenant de deux foyers actuels ont été prélevés auprès de deux des familles interrogées, dans le village. Il s'agissait des restes provenant

d'un brasero et d'un foyer extérieur culinaire dont nous avons réalisé l'analyse anthracologique.

Pour l'étude des combustibles issus du site archéologique d'Hornillos 2, nous avons pratiqué une étude anthracologique sur des lots de charbons provenant de différentes structures et niveaux datés entre 9710 ± 270 BP et 6340 ± 110 PB -6130 ± 70 BP (Yacobaccio *et al.*, sous presse). En tout, neuf lots de charbons ont été analysés. L'analyse des caractères dendrologiques et anatomiques des charbons de bois a été réalisée à l'aide d'une loupe binoculaire dont le grossissement est compris entre 7 x et 90 x et d'un microscope photonique à réflexion fond clair/fond noir à des grossissements allant de 100 x à 1000 x (Marguerie, Hunot, 2007). L'observation microscopique a été faite sur des coupes obtenues par simple fracture à la main ou au scalpel selon les trois plans anatomiques du bois : transversal (CT), longitudinal – tangentiel (CLT), longitudinal – radial (CLR). Les structures observées ont été comparées à la collection de référence de charbons de bois constituée par nos soins (Joly, 2007).

ÉTUDE ETHNOLOGIQUE DE SUSQUES

Le village de Susques est situé à 3 650 m d'altitude, dans la province de Jujuy (fig. 2.1). Parce que les bouteilles de gaz qu'il est possible d'utiliser sont chères, la plupart des habitants préfèrent le bois local comme combustible. Dans le village lui-même, où se situe la résidence principale et sédentaire de la majorité des habitants, se déroulent la plupart des activités quotidiennes. Un grand nombre de familles possède également un terrain annexe, plus ou moins éloigné, où se dresse, à

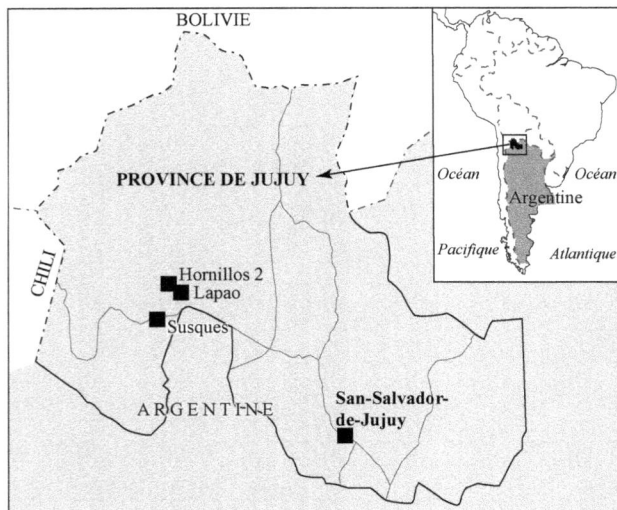

Fig. 2.1. Zone d'étude : province de Jujuy avec localisation de Susques et d'Hornillos 2 (d'après Yacobaccio, Morales, 2005).

proximité des troupeaux de lamas, de moutons ou de chèvres un autre habitat, généralement plus rudimentaire, lié à l'élevage et éventuellement au ramassage du bois de feu. Sur certains territoires, des abris sous roches ou de petites grottes, parfois ouverts sur un corral, sont encore utilisés pour les troupeaux. Il s'agit d'habitats temporaires. Si le bois reste le combustible le plus employé au village, il constitue quasiment la seule source d'énergie dans les habitats plus isolés. Depuis quelques années, à cause d'une surexploitation des environs proches du village, chaque famille s'astreint à ne collecter son bois que sur son propre territoire et à ne ramasser que le bois mort afin de laisser se reconstituer et de protéger les réserves. Les pratiques actuelles surtout pastorales se différentient de celles des chasseurs-cueilleurs ayant vécu à Hornillos 2. Néanmoins, toutes deux sont liées à un contexte particulier de désert d'altitude.

Le bois utilisé est constitué d'arbustes dont la taille ne dépasse pas 1,5 m. Il n'y a donc quasiment pas de critères de sélection liés au diamètre ou à la taille des espèces car la variabilité n'est pas très importante. De plus, la collecte du bois en quantité est difficile et longue. En l'absence d'essence de grande taille, il est important de signaler que le bois est utilisé avec parcimonie. Nous avons souvent observé que les foyers culinaires sont alimentés durant toute la journée. Cependant, la quantité de bois employée est réduite au minimum. De même, en cours de fonctionnement, il n'y a pas production de grandes flammes. La conduite du feu est en rapport étroit avec la fonction culinaire demandée.

Résultats des questionnaires

Au cours de notre enquête, nous nous sommes intéressés plus particulièrement à certaines informations et chaque personne a été interrogée dans sa langue par D.J., suivant un questionnaire prédéfini. Il s'agissait de savoir quelles espèces étaient connues, lesquelles étaient utilisées et dans quel but, si certaines espèces étaient préférées et pourquoi, et si l'utilisation variait selon l'espèce. D'autre part, nous avons voulu savoir quelle partie des arbustes était employée et quel était l'état du bois (sec, vert). Enfin, nous avons cherché à savoir comment s'effectuait la collecte (où, qui, quand, à quelle fréquence...). Nous n'aborderons ici que certains aspects de nos résultats.

Les critères permettant de définir ce qu'est un bon combustible pour un usage domestique (nous traiterons ici essentiellement de cuisine et de chauffage) sont assez flous et variables. En effet, selon les personnes interrogées, il s'agit du bois qui brûle le mieux, de celui qui fait peu de fumée ou beaucoup de braise, souvent celui qui brûle le plus lentement ou encore, comme il s'agit d'arbustes, celui qui a les branches de plus fort diamètre. Beaucoup de réponses soulignent que tout bois, quel que soit son état ou son espèce, est un combustible potentiel, étant donné la difficulté et le temps considérable que prend son ramassage, il n'y a pas, *a priori,* de préférence. Néanmoins, on nous a nommé quatorze arbustes locaux comme étant actuellement utilisés comme combustible (fig. 2.2). Toutes ces espèces n'ont pas été citées par l'ensemble des personnes interrogées.

Le taxon le plus souvent cité est la *tola (Parastrephia sp.)*, mentionné par 17 personnes, soit la totalité des individus interrogés. Il s'agit d'un nom vernaculaire recouvrant en réalité deux espèces : *mayo tola (Parastrephia phylicaeformis)* ou *lucida* et *vaca tola (Parastrephia lepidophylla).*

Mayo tola a été cité 13 fois et *vaca tola 9 fois. Tola* est le plus souvent présenté comme étant l'un des meilleurs combustibles : 15 personnes dont 9 avec le terme *tola* sans précision, 3 pour la *mayo tola* et 3 pour la *vaca tola*. Le deuxième nom cité est *añagua (Adesmia sp.)* présent dans 15 réponses. Il recouvre là encore deux espèces : *añagua delgada (Adesmia sp.)* et *añagua gruesa (Adesmia sp.).* Mais elles sont plus rarement accompagnées de précision : 4 pour *l'añagua delgada* et 1 pour *añagua gruesa.* En revanche, seulement 3 réponses le donnent comme l'un des meilleurs combustibles. La *lejia (Baccharis incarum)* et le *tomi (Chiliotrichiopsis keidelii)*, bien que moins souvent nommés (respectivement 10 et 9) sont plus fréquemment cités comme meilleurs combustibles (par 5 individus chacun), alors que le *pinco (Ephedra breana)*, cité aussi par 9 personnes, n'est désigné que 2 fois meilleur combustible.

Noms vernaculaires	Noms scientifiques	Cités (NI)	Meilleurs combustibles (NI)
Tola	*Parastrephia* sp.	17	9
Añagua	*Adesmia* sp.	15	3
Añagua delgada	*Adesmia* sp.	4	–
Añagua gruesa	*Adesmia* sp.	1	–
Checal	*Fabiana densa o denudata*	14	2
Clavo	*Lycium chanar*	3	–
Coba	*Parastrephia quadrangularis*	2	–
Copa copa	*Artemisia copa*	3	–
Espina amarilla	*Chuquiraga atacamensis*	4	–
Espina de llama	*Junella seriphioides*	2	–
Espina de San juan	*indéterminé*	1	–
Lejia	*Baccharis incarum*	10	5
Mayo tola	*Parastrephia phylicaeformis/lucida*	13	3
Pinco	*Ephedra breana*	9	2
Queñoa	*polylepis tomentella*	1	–
Rica-rica	*Acantholippia salsoloides*	8	1
Suri	*Nardophyllum armatum*	14	2
Tomi	*Chiliotrichiopsis keidelii*	9	5
Vaca tola	*Parastrephia lepidophylla*	9	3

Fig. 2.2. Les ligneux cités comme combustibles lors de l'enquête auprès de la population de Susques (en nombre d'individus).

Au contraire, le *suri* (*Nardophyllum armatum*) et le *checal* (*Fabiana densa* ou *denudata*) utilisés par 14 personnes sur 17, ne sont nommés que par 2 d'entre elles comme étant un des meilleurs combustibles. Quatre espèces ne sont jamais citées comme meilleur combustible : il s'agit plutôt d'espèces de plus petite taille.

Trois espèces non locales ont également été citées. Il s'agit de la *copa copa* (*Artemisia copa*), désignée par 3 personnes, qui se trouve à plus haute altitude, sur l'Altiplano, et qui est utilisée lors d'événements particuliers, comme les cérémonies pour la Pachamama, divinité de la Terre. Les deux dernières n'ont été nommées qu'une fois : la *queñoa* (*Polylepis tomentella*) n'est pas ou plus présente dans cette zone et l'*espina de San Juan*, dont nous ne connaissons pas le nom scientifique, est aussi absente. Ces espèces, quoique non locales, sont malgré tout présentes dans la Puna ou l'Altiplano.

Donc, d'après ces résultats, les espèces citées le plus souvent appartiennent aux formations végétales décrites par Cabrera (1978). Les préférences semblent finalement être assez partagées, sans doute en raison d'un rapport entre la présence locale d'une espèce et sa fréquence d'utilisation. Si la fréquence d'utilisation est corrélée à la fréquence d'une espèce dans l'environnement, en revanche elle ne l'est pas avec ses qualités en tant que combustible. En effet, même si la *tola* et l'*añagua* sont à la fois souvent citées comme utilisées et meilleur combustible, il en va différemment pour d'autres espèces. Le *checal* et le *suri*, souvent cités, le sont rarement comme meilleurs combustibles, tandis que la *lejia* et le *tomi*, moins cités, le sont souvent comme meilleurs combustibles. Néanmoins, le fait qu'un combustible soit bon ne

semble pas être un critère suffisant à une récolte préférentielle. Quelques personnes ont aussi précisé des préférences pour l'utilisation d'une essence plutôt qu'une autre en fonction des activités. Ainsi, on nous a signalé que la *tola* est parfois préférée pour cuire le pain ou que le *checal* est utilisé pour fondre le métal.

Nous nous sommes également intéressées à l'état du bois collecté. Il semblerait que, contrairement à ce qui est généralement préconisé, du bois vert soit aussi utilisé. En effet, même si la plupart des gens mentionnent qu'il faut ramasser préférentiellement le bois mort, onze personnes expliquent qu'ils récoltent aussi du bois vert. Six d'entre elles précisent que le bois vert est souvent utilisé dans les fours, car il fait plus de fumée et chauffe paradoxalement mieux à l'allumage du four. Lorsque la combustion est bien initiée, du bois mort est ajouté. Cependant, l'état du bois n'est jamais cité comme un critère de choix déterminant puisque le bois vert comme le bois mort semble brûler sans problème.

La collecte du bois

Pour compléter cette enquête, nous avons participé à une collecte de bois. Ce ramassage a été réalisé avec une famille de Susques dont la propriété (*Campo*) appelé Lapao est à environ 5 kilomètres du village. Tout d'abord, il est à noter qu'actuellement la collecte du bois est une occupation familiale. Plus ou moins fréquente selon la taille de la famille et l'éloignement du territoire de récolte, elle varie de quotidiennement à mensuellement. Dans le cas que nous avons pu observer, la collecte est pratiquée avec une fréquence d'au moins une fois par semaine car le territoire est proche du village.

Lors de cette collecte, étaient présents trois adultes et deux enfants de moins de cinq ans dont un enfant sur le dos de sa mère. Le matin a été consacré à diverses activités dans la maison secondaire. Une grande quantité de bois d'essences variées, représentant plusieurs collectes, était déjà entassée près de la maison, vers le four. Dans cet amas, la plupart des essences citées lors de l'enquête étaient présentes. Ce bois sert de réserves à la fois pour la maison du village et pour la maison de Lapao. Cette dernière est souvent occupée par un membre de la famille pour les activités liées au pastoralisme car chaque famille, ou presque, possède des lamas, des chèvres ou des moutons.

La collecte ne s'est pas effectuée autour de la maison où les arbustes sont préservés. Il existe différents lieux de récolte sur le territoire qui sont utilisés alternativement afin de ne pas les épuiser. Nous sommes allés sur un plateau surplombant Lapao, éloigné de 2 ou 3 km à peine. Les trajets et le transport du bois se sont faits à pied. L'outil utilisé lors de cette collecte est une sorte de houe permettant de déterrer l'arbuste entier. Elle n'a été maniée que par les hommes. Les femmes et les enfants se contentaient de ramasser ce qui était déterré. La sélection du bois a essentiellement reposé sur son aspect. Seuls des arbustes assez grands et aux branches épaisses ont été récoltés. Les arbustes secs ont été préférentiellement choisis. En revanche, aucun choix d'espèce n'a été effectué. Tout le bois récolté a été emporté car n'a été prélevé que ce que chacun, homme, femme et même enfant, à leur mesure, pouvaient transporter. Ce strict nécessaire représentait environ 15 kg pour les adultes. Nous avons fait une halte à Lapao, puis nous sommes retournés en fin d'après-midi au village avec le bois récolté.

D'après les observations que nous avons pu faire lors de cette récolte de bois de feu, il semblerait qu'il n'y ait pas de sélection particulière selon l'espèce. Sont néanmoins préférés les arbustes les plus grands, ainsi que le bois mort, mais ce n'est pas systématique. L'espèce ne serait qu'un critère pouvant être pris en compte secondairement lors de l'utilisation du bois dans le foyer.

Les foyers actuels

Nous avons également étudié deux foyers dont les charbons ont été récoltés lors des séjours où nous avons réalisé les questionnaires. L'un d'eux était un brasero pour lequel, d'après les habitants de la maison où nous avons récolté cet échantillon, seule de la *tola* avait été utilisée. Le second était un foyer culinaire, situé hors de la maison où, nous a-t-on dit, avait été brûlée n'importe quelle espèce.

Les résultats pour le brasero (fig. 2.3) présentent, de fait, une plus grande variété des espèces que ce qui nous avait été indiqué (fig. 2.3). Néanmoins, le taxon majoritaire, avec 63 %, est bien la *tola* (*Parastrephia sp.*), Les autres espèces locales sont présentes en faible quantité à l'exception de la *rica rica* (*Ancantholippia salsoloides*) qui atteind 15,5 %. Figure aussi un charbon de *Prosopis nigra* (*Algarrobo negro*), arbre poussant à un étage

Espèces	brasero (%)	foyer culinaire (%)
Acantholippia salsoloides	15,5	6,0
Parastrephia sp.	63,0	45,5
Baccharis incarum	1,0	0
Fabiana sp.	5,0	39,0
Prosopis nigra	1,0	0
Indéterminé	14,5	9,5

Fig. 2.3. Les ligneux identifiés dans les foyers actuels.

inférieur, celui de la Prépuna ou Monte. Sa présence est sans doute accidentelle dans ce contexte car ce bois est plutôt utilisé pour la charpente ou pour le mobilier, ce qui suggèrerait l'utilisation de copeaux résiduels.

Le foyer culinaire, quant à lui, ne contient que 3 espèces. Là encore, *Parastrephia sp.* est le taxon majoritaire avec 45,5 %. *Fabiana sp.* (*checal*), avec 39 %, est aussi bien représenté. Mais la *rica rica* (*Ancantholippia salsoloides*) n'atteint que 6 %.

Ces deux foyers présentent donc presque les mêmes espèces. Ce sont des espèces courantes et *Parastrephias sp*, qui domine dans les deux lots, est aussi le bois le plus cité et celui qui est le plus souvent désigné comme meilleur combustible. Par contre, l'*añagua* est absente alors que c'est un taxon souvent cité. Le *checal* et la *rica rica* sont présents dans les deux foyers, bien que ce soit des espèces rarement considérées comme de bons combustibles par les personnes interrogées. Il ne semble donc pas y avoir une sélection des bois utilisés dans ces foyers mais plutôt une utilisation liée à la disponibilité car *Parastrephia sp.* est très fréquente dans la Puna sèche et les autres espèces utilisées ne sont pas considérées comme de de bons combustibles.

L'ANALYSE ANTHRACOLOGIQUE D'HORNILLOS 2

Parallèlement à cette étude, nous avons étudié un site de chasseurs-cueilleurs situé à environ 20 km de ce village. Il s'agit d'Hornillos 2 dont la fouille est dirigée par Hugo Yacobaccio. Cet abri sous roche, occupé sur une longue période entre 9710 BP et 6130 BP offre un matériel archéologique riche et varié. Ce site est considéré comme ayant été occupé de façon récurrente durant l'Holocène ancien par de petites unités sociales, relativement autonomes, tandis que les occupations de l'Holocène moyen seraient plus ponctuelles (Yacobaccio et Morales, 2005).

Une grande quantité de charbons de bois a été dégagée par tamisage à 2 mm, soit au sein de couches charbonneuses soit dans des foyers en cuvette. Cependant, dans les niveaux les plus anciens, des concentrations charbonneuses ont aussi été identifiées comme pouvant être de petits foyers à plat ou des vidanges. Neuf lots de charbons (fig. 2.4) appartenant à sept niveaux d'occupation différents : 2, 4, 6, 6a, 6b, 6c et 6d ont été étudiés. Les couches d'occupation 2, 3 et 4 sont datées entre 8280 et 6130 BP tandis que les niveaux d'occupation 6, 6a, 6b, 6c et 6d se situent entre 9710 et 9150 BP. Les analyses ont concerné entre 100 et 422 charbons par lot.

Les quatre lots des niveaux plus anciens (6a, 6b, 6c et 6d) appartiennent plutôt à des accumulations ponctuelles qui pourraient avoir été des foyers à plat ou des vidanges (fig. 2.4). Le niveau 6 comprend 2 lots : l'un provient d'une couche charbonneuse, l'autre d'un foyer en cuvette.

Dans presque tous les niveaux d'occupation 6d à 6, les genres *Parastrephia* (*tola*) et *Baccharis* (*lejia*) est dominant et représente entre un tiers et plus de la moitié des charbons. *Baccharis* (*lejia*) est toujours bien représenté. Il n'est dominant qu'en 6b (fig. 2.5).

En ce qui concerne le niveau 6, les deux lots analysés ont donné des résultats différents. Le

Niveau	Carré	Type	Datation (Yacobaccio *et al.* sous presse)	NR étudiés
2	12	foyer en cuvette	6340 ± 110 PB -6130 ± 70 BP	300
4	7	couche	8280 ± 100 BP	122
4	7	couche	8280 ± 100 BP	300
4	7	foyer en cuvette	8280 ± 100 BP	300
6	11	foyer en cuvette	9150 ± 50 BP -9590 ± 50 BP	300
6	7	couche	9150 ± 50 BP -9590 ± 50 BP	200
6a	7	accumulation charbonneuse (foyer à plat?)	-	200
6b	11	accumulation charbonneuse (foyer à plat?)	-	115
6c	7	accumulation charbonneuse (foyer à plat?)	-	100
6d	7	accumulation charbonneuse (foyer à plat?)	9710 ± 270 BP	200

Fig. 2.4. Liste et provenance des lots de charbons étudiés.

lot issu de la couche charbonneuse contient les mêmes espèces dominantes que les niveaux précédents, avec cependant une proportion plus forte de *Baccharis* (39,5 %), mais toujours la même prédominance du genre *Parastrephia* (47,5 %). En revanche, le foyer du niveau 6 se démarque dans sa composition anthracologique. En effet, ce lot ne possède pas de taxon largement dominant. Les taxons les plus représentés sont *Chiliotrichiopsis keidelii* (24 %) et *Fabiana sp.* (21 %) alors que les genres précédemment dominants sont plus rares. De plus, trois espèces, *Acantholippia salsoloides, Adesmia sp. (Añagua delgada)* et *Adesmia sp. (Añagua gruesa)* apparaissent dans ce foyer et dans des lots plus récents.

Les niveaux plus récents de l'Holocène moyen se différencient des précédents par la présence d'une plus grande quantité d'espèces, 16 identifiées, et par ce qui apparaît comme une sorte de remplacement progressif du taxon *Baccharis incarum* par le genre *Adesmia*.

Le niveau 4, le plus ancien, comprend deux lots appartenant à une couche charbonneuse qui présente 12 taxons, et à un foyer en cuvette qui en offre 14 (fig. 2.4). Il s'agit des mêmes espèces à l'exception de l'espèce 5[1] et de *Nardophyllum armatum* présentes uniquement dans le foyer. Le genre *Parastrephia* reste dominant. De plus, certains taxons sont mieux représentés dans le foyer (*Fabiana sp., Chiliostrichiopsis keidelii* et le genre *Adesmia*), d'autres dans la couche charbonneuse (*Baccharis incarum*). On observe que les espèces ne changent pas radicalement, mais de nouveaux taxons apparaissent. C'est le cas notamment de différentes espèces d'*Adesmia* et de *Acantholippia salsoloides*. Cependant, là encore, le genre *Parastrephia* domine nettement. Ainsi, le changement que l'on commençait à percevoir dans le foyer du niveau 4 se poursuit avec le lot prélevé dans un foyer en cuvette du niveau 2 plus récent, avec peu de *Baccharis incarum* et une quantité plus importante du genre *Adesmia*, de *Chiliostrichiopsis keidelii* et de *Fabiana sp.* (fig. 2.5).

---

1. Les espèces numérotées sont celles que l'on n'a pas pu déterminer botaniquement mais dont on a identifié les caractéristiques anatomiques, Joly, 2007

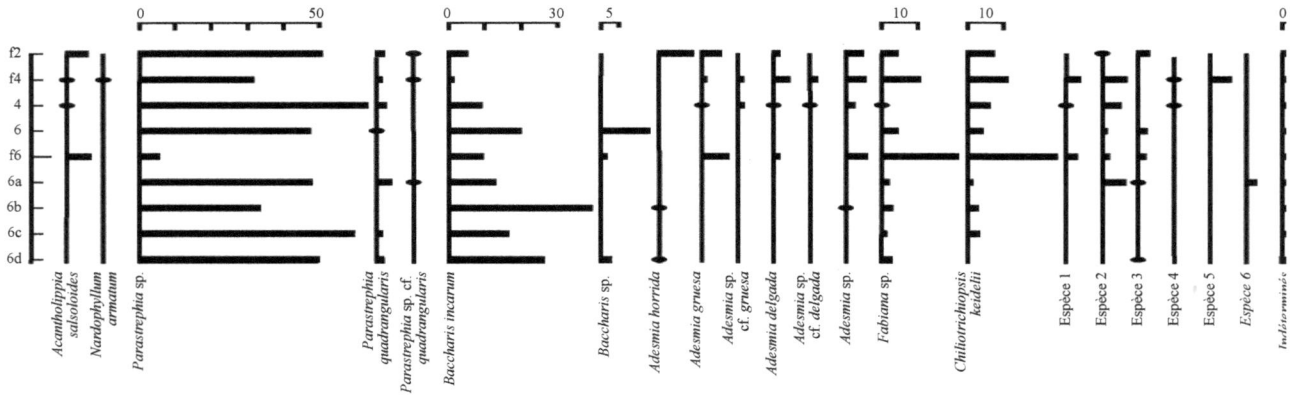

Espèces (NI)	6d	6c	6b	6a	f6	6	4	f4	f2
Acantholippia salsoloides	0	0	0	0	18	0	1	1	16
Adesmia delgada	0	0	0	0	4	0	1	12	4
Adesmia cf. *delgada*	0	0	0	0	0	0	1	5	0
Adesmia gruesa	0	0	0	0	21	0	3	3	15
Adesmia cf. *gruesa*	0	0	0	0	0	0	6	4	0
Adesmia horrida	1	0	1	0	0	0	0	0	27
Adesmia sp.	0	0	1	0	16	0	9	15	13
Baccharis incarum	53	16	45	25	27	39	37	3	14
Baccharis **sp.**	6	0	0	0	4	26	0	0	0
Chiliotrichiopsis keidelii	0	3	3	2	73	8	25	32	21
Fabiana sp.	6	1	3	3	62	8	4	31	12
Nardophyllum armatum	0	0	0	0	0	0	0	1	0
Parastrephia quadrangularis	4	1	0	7	0	1	9	3	5
Parastrephia cf. *quadrangularis*	0	0	0	1	0	0	0	2	1
Parastrephia sp.	100	59	38	95	15	94	265	94	151
Espèce 1	0	0	0	0	8	0	4	10	0
Espèce 2	0	0	0	12	5	2	20	20	1
Espèce 3	1	0	0	1	5	4	0	0	8
Espèce 4	0	0	0	0	0	0	1	1	0
Espèce 5	0	0	0	0	0	0	0	16	0
Espèce 6	0	0	0	5	0	0	0	0	0
Indéterminables	29	20	24	49	42	18	36	47	12

Fig. 2.5. Diagramme et tableau anthracologiques du site d'Hornillos 2.

DISCUSSION

Il est impossible de comparer directement les résultats actuels et archéologiques car les contextes sociaux et les périodes étudiées sont très différents et pour l'instant, ce sont des résultats préliminaires. Néanmoins, il est intéressant de mettre en parallèle certaines tendances dans les deux périodes. Ainsi, d'après les résultats obtenus pour la période actuelle et le contexte archéologique, le genre *tola (Parastrephia sp.)* semble être une constance nette dans la gestion du combustible de cette zone. En effet, ce taxon est très présent dans les deux contextes. Cela peut s'expliquer par le fait que cette espèce, qui est actuellement considérée comme un bon combustible par les personnes que nous avons interrogées, fut sans doute (en l'absence de données polliniques) et demeure la plus courante dans cette région. De plus, toutes les espèces citées dans les témoignages que nous avons recueillis et présentes dans les foyers actuels sont des espèces communes de la Puna, qui toutes se retrouvent dans le site archéologique. Que la gestion du combustible paraisse très liée à la disponibilité de ces ressources indiquerait une grande adéquation aux ressources locales. Un autre élément semble renforcer cette hypothèse. En effet, dans l'étude du site d'Hornillos 2, nous avons pu constater qu'il y a une évolution de la répartition des espèces entre l'Holocène ancien et moyen. Si la *Parastrephia* est le genre qui prédomine presque toujours, les espèces secondaires changent, passant d'une importante quantité de *Baccharis* à l'apparition et au développement du genre *Adesmia*. Est-ce là le résultat d'une évolution dans les pratiques ou la conséquence de changements climatiques ? Nous penchons pour la seconde hypothèse. En effet, d'après certaines études (Markgraf, 1985), l'Holocène ancien dans cette zone aurait connu des conditions climatiques plus froides et humides que les conditions actuelles, tandis que l'Holocène moyen paraît avoir été d'une extrême aridité avec un climat plus chaud (Betancourt *et al.*, 2000 ; Latorre *et al.*, 2002 ; Grosjean *et al.*, 2003, Thompson *et al.*, 1995 ; Markgraf, 1985).

Par ailleurs, les résultats obtenus montrent aussi que l'éventail des espèces utilisées comme combustible sur le site de chasseurs-cueilleurs est plus large que l'actuel. Cela peut s'expliquer par une réutilisation des foyers sans vidange, pratique que ne connaissent pas les foyers actuels étudiés. Mais surtout, cela semble démontrer qu'il y avait une plus grande variété d'espèces disponibles chez les chasseurs-cueilleurs de l'Holocène qu'actuellement où, face à un contexte de pénurie, il faut couvrir un plus grand espace pour récolter plus d'espèces.

La gestion du combustible chez les chasseurs-cueilleurs d'Hornillos 2 semble donc bien être en rapport avec les ressources disponibles. Peut-être n'y a-t-il pas eu de sélection particulière mais plutôt une mise à profit de l'environnement immédiat, contrairement à ce qui se passe actuellement où même si la communauté de Susques connaît bien les bois locaux, la surexploitation a pour conséquence une diminution du nombre d'espèces et une nécessité pour les familles de se rendre dans des zones plus éloignées afin de préserver les ressources immédiates.

CONCLUSION

Par ce travail préliminaire, nous avons essayé d'apporter à cette étude un regard particulier concernant la gestion du bois de feu en confrontant l'analyse anthracologique ancienne et actuelle au regard porté par l'utilisateur du combustible et à la gestion qu'il en fait, dans un contexte différent mais où la ressource utilisée reste locale. Il est, sans doute, délicat de relier les données archéologiques avec les observations ethnologiques en raison des différences qui existent entre des sociétés de chasseurs-cueilleurs nomades qui reviennent régulièrement dans la région et des éleveurs sédentaires actuels. Néanmoins, de fortes ressemblances dans le système de gestion du combustible traduisent une adéquation entre besoin/source existante/ prélèvement, avec une préférence pour l'espèce la plus fréquente qui se révèle également être un bon combustible d'après les utilisateurs. Mais, il est souvent difficile, au-delà de la reconnaissance du taxon, de mettre en évidence une gestion du combustible avec les seules données archéologiques, surtout dans des régions où ces études sont encore peu développées. C'est pourquoi, il est intéressant de confronter ces résultats aux données ethnologiques. Comme il est intéressant d'analyser des échantillons de foyers actuels selon la même méthode que celles employées pour traiter des échantillons de foyers archéologiques, afin de les comparer, de mettre ainsi en évidence des comportements semblables ou différents, d'analyser les raisons de ces convergences ou de ces différences,

de proposer enfin, par des inférences, une reconstitution des modalités de gestion du combustible pour les périodes anciennes.

D'autres aspects seraient aussi à développer afin d'améliorer notre compréhension de l'économie du combustible, comme la caractérisation scientifique des propriétés combustibles des différents bois. Cela permettrait d'ajouter des données sur les propriétés énergétiques des bois à celles que nous avons obtenues par enquête ethnologique sur les critères donnés des bois. D'autres aspects au-delà du rapport entre besoin/source existante/ prélèvement pourraient aussi être développés afin d'améliorer notre compréhension de l'économie du combustible. La caractérisation des propriétés énergétiques des différents bois permettrait d'ajouter d'autres données à celles que nous avons obtenues avec l'enquête ethnologique.

BIBLIOGRAPHIE

ABBOT, P.; LOWORE, J. (1999) – Characteristics and management potential of some indigenous firewood species. Malawi. *Forest Ecology and Management.* 119, p. 111-121.

ABBOT, P.; LOWORE, J.; KHOFI, C.; WERREN, M. (1997) – Defining firewood quality : a comparison of quantitative and rapid apparaisal techniques to evaluate firewood species from a southern african savanna. *Biomass and Bioenergy.* 12, 6, p. 429-437.

ALBERT, R. M.; WEINER, S.; BAR-YOSEF, O.; MEIGNEN, L. (2000) – Phytoliths in the Middle Palaeolithic Deposits of Kebara Cave, Mt Carmel, Israel : Study of the Plant Materials used for Fuel and Other Purposes. *Journal of Archaeological Science.* 27, p. 931-947.

BETANCOURT, J. L.; C. LATORRE, J. A.; RECH, J.; QUADE, K.; RYLANDER, A. (2000) – A 22,000-Year Record of Monsoonal Precipitation from Northern Chile's Atacama Desert. *Science.* 289, p. 1542-1544.

BHATT, B. P. (2002) – Firewood properties of some Indian mountain trees and shrub species. *Biomass and Bioenergy.* 23, 4, p. 257-260.

BHATT, B. P.; TODARIA, N. P. (1990) – Fuelwood characteristics of some mountain trees and shrubs. *Biomass*, 21, p. 233-238.

BHATT, B. P.; SACHAN, M. S. (2004) – Firewood comsumption pattern of different tribal communities in Northeast India. *Energy Policy.* 32, p. 1-6.

BRAIN, C. K. (1993) – The occurrence of burnt bones at Swartkrans and their implications for the contrôle of fire by early hominids. In BRAIN, C. K., ed. – *Swartkrans : A Cave's Chronicle of Early Man.* Pretoria : Transvaal Museum Monograph, p. 229-242.

CABRERA, A. L. (1957) – La vegetación de la Puna Argentina. *Revista de Investigaciones Agrícolas.* 11, p. 317-413.

CABRERA, A. L. (1978) – *Flora de la provincia de Jujuy, republica argentina, parte X: compositae*. Buenos Aires: INTA, 726 p.

COSTAMAGNO, S.; GRIGGO, C.; MOURRE, V. (1998) – Approche expérimentale d'un problème taphonomique: utilisation de combustible osseux au Paléolithique. *Préhistoire européenne*. 13, p. 167-194.

DENYS, C. (2002) – Taphonomy and experimentation. *Archaeometry*. 44, p. 469-484.

GROSJEAN, M.; CARTAJENA, I.; GEYH, M. A; NUÑEZ, L. (2003) – From proxy data to paleoclimate interpretation: the mid-holocene paradox of the Atacama Desert, northern Chile. *Palaeogeography, Palaeoclimatology, Palaeoecology*. 194, p. 247-258.

JAIN, R. K.; SINGH, B. (1999) – Fuelwood characteristics of selected indigenous tree species from central India. *Biomass and Bioenergy*. 68, p. 305-308.

JOLY, D.; MARCH, R. J. (2003) – Étude des ossements brûlés: nouvelles méthodes pour la définition des températures In FRÈRE-SAUTOT, M.-C. dir. – *Le feu domestique et ses structures au Néolithique et aux Âges des Métaux*, Actes du Colloque International (Bourg-en-Bresse/Beaune, octobre 2000), Montagnac: Monique Mergoil (Collection Préhistoire, 9), p. 299-311.

JOLY, D.; MARCH, R. J.; MARTINEZ G. (2005) – Étude des ossements brûlés du site Paso Otero 5 (Argentine). *ArcheoSciences, revue d'archéometrie*. 29, p. 83-93.

JOLY, D. (2007) – *Étude du rôle des combustibles osseux et végétaux dans le processus de maîtrise de l'énergie thermique et dans les stratégies adaptatives des différents groupes humains dans quelques exemples de sites archéologiques argentins*. Thèse de doctorat. Rennes: Université de Rennes 1 [en cours].

KATAKI, R.; KONWER, D. (2001) – Fuelwood characteristics of some indigenous woody species of northeast India. *Biomass and Bioenergy*. 20, p. 17-23.

LATORRE, C. L.; BETANCOURT, J. L.; RYLANDER, K. A.; QUADE, J. A. (2002) – Vegetation invasions into Absolute Desert: a 45,000-year rodent midden record from the Calama-Salar de Atacama Basins, Chile. *Geological Society of America Bulletin*. 114, 3, p. 49-366.

MARCH, R. J. (1992) – L'utilisation du bois dans les foyers préhistoriques: une approche expérimentale.

In VERNET J.-L. ed. – *Les charbons de bois, les anciens écosystèmes et le rôle de l'homme*. Actes du colloque (Montpellier, septembre 1991). *Bulletin de la Société botanique de France*. 139, 2/3/4, p. 245-253.

MARGUERIE, D.; HUNOT, J.-Y. (2007) – Charcoal analysis and dendrology: data from archaeological sites in western France. *Journal of Archaeological Sciences*. 34, p. 1417-1433.

MARKGRAF, V. (1985) – Paleoenvironmental history of the last 10,000 years in Northwestern Argentina. *Zentralblatt fur Geologie und Palaontologie*. 1, 11/12, p. 1739-1748.

MC PEAK, J. (2002) – *Fuelwood Gathering and Use in Northern Kenya: Implications for Food Aid and Local Environments*. Global Livestock CRSP Research Brief 03-01-PARIMA.

NICHOLSON, R. A. (1993) – A morphological investigation of burnt animal bone and an evalution of its utility in archaeology. *Journal of Archaeological Science*. 20, p. 411-428.

NÚÑEZ, L.; GROSJEAN, M.; CARTAGENA, I. (2001) – Human dimensions of late Pleistocene/Holocene Arid Events in Southern South America. In MARKGRAF V. ed. – *Interhemispheric Climate Linkages*. San Diego, London: Academic Press, p. 105-117.

PERSON, A.; BOCHERENS, H.; SALIÈGE, J.-F.; PARIS, F.; ZEITOUN, V.; GÉRARD, M. (1995) – Early diagenetic evolution of bone phosphate: An X-ray diffractometry analysis. *Journal of Archaeological Science*. 22, p. 211-221.

PNUB (2004) – *Rapport mondial sur le développement humain: La liberté culturelle dans un monde diversifié*. Programme des Nations Unies pour le développement, New York.

REICHE, I.; VIGNAUD, C.; MENU, M. (2002) – The crystallinity of ancient bone and dentine: New insights by transmission electron microscopy. *Archaeometry*. 3, p. 447-459.

ROBERTS, S. J.; SMITH, C. I.; MILLARD, A.; COLLINS, M. J. (2002) – The taphonomy of cooked bone: Characterizing boiling and its physico-chemical effects. *Archaeometry*. 44, 3, p. 485-494.

SCHNELL, R. (1987) – *La flore et la végétation de l'Amérique tropicale*. Paris: Masson, 480 p.

SHIPMAN, P.; FOSTER, G.; SCHOENINGER, M. (1984) – Burnt bones and teeth: an experimental study of color, morphology, crystal structure and shrinkage. *Journal of Archaeological Science*. 11, p. 307-325.

TABUTI, J. R. S.; DHILLION, S. S.; LYE, K. A. (2003) – Firewood use in Bulamogi County, Uganda: species selection, harvesting and consumption patterns. *Biomass and Bioenergy*. 25, 6, p. 581-596.

THÉRY-PARISOT, I. (2001) – *Économie des combustibles au Paléolithique. Expérimentation, anthracologie, Taphonomie*. Paris: CNRS Éditions. 196 p. (Dossiers de documentation archéologique; 20).

THÉRY-PARISOT, I.; COSTAMAGNO, S. (2005) – Propriétés combustibles des ossements. Données expérimentales et réflexions archéologiques sur leur emploi dans les sites paléolithiques. *Gallia Préhistoire*. 47, p. 235-254.

THOMPSON, L. G.; MOSLEY-THOMPSON, E.; DAVIS, M. E.; LIN, P.-N.; HENDERSON, K. A.; COLE-DAI J.; BOLZAN J. F.; LIU, K.-B. (1995) – Late Glacial Stage and Holocene tropical Ice Core Records from Huascarán, Peru. *Science*. 269, p. 46-50.

YACOBACCIO, H. D.; MORALES, M. (2005) – Mid-Holocene Environment and Human Occupation at Susques (Puna de Atacama, Argentina). *Quaternary International*. 132, p. 5-14.

YACOBACCIO, H. D.; CATA, M. P.; MORALES, M.; JOLY, D.; AZCUNE, C.; MARCH, R. J.; MARGUERIE, D. (sous presse) – *Excavaciones arqueologicas en el alero Hornillos 2*. Oxford: BAR Publishing. (BAR International Series).

BONE AS A FUEL SOURCE: THE EFFECTS OF INITIAL FRAGMENT SIZE DISTRIBUTION

Susan M. MENTZER*

Abstract. This study investigates whether the treatment of bone prior to burning affects the duration of combustion of a bone-fueled fire and the final size distribution of burned fragments. The results of a set of experimental fires reveal a slight positive correlation between initial mean bone size and the length of time that a fire burns. The initial size distribution of bone fuel fragments has no correlation, however, with the size distribution of burned remains, which are statistically indistinguishable. Fourier transform infrared analyses of calcined bone and ash indicate that mineralogical differences may assist archaeologists in identifying ephemeral remnants of bone burning.

Keywords. Bone, combustion, experimental archaeology, FTIR, ash.

Résumé. Le but de ce travail est d'évaluer si le traitement initial de l'os influe sur la taille finale des os brûlés et sur la durée de la combustion. Les résultats d'une série des feux expérimentaux d'os révèlent qu'il y a une faible corrélation positive entre la longueur initiale des os et la durée de la combustion. La taille initiale des fragments n'a pas de corrélation avec la taille des résidus osseux brûlés, qu'il est impossible de distinguer statistiquement. Les analyses infrarouges de transformée de Fourier menées sur des ossements et des cendres calcinées montrent des signatures minéralogiques différentes, pouvant aider les archéologues dans la reconnaissance de résidus osseux brûlés réduits à l'état de poudre.

Mots-clés. Os, combustion, archéologie expérimentale, FTIR, cendres.

INTRODUCTION

Archaeological evidence for the burning of bone in the Paleolithic includes information from sites containing large numbers of burned bones, sometimes in association with other hearth components. For example, 80 % of the faunal collection from the Middle Stone Age site of Sibudu Cave (South Africa) is burned, with much of the bone assemblage concentrated within hearth features and ash patches (Cain, 2005), while the Gravettian layers at Hohle Fels Cave (Germany) contain a large accumulation of reworked burned bone (Schiegl *et al.*, 2003). A number of recently published bone burning experiments explore the functional justification for adding bones to fires. Théry-Parisot (2002) demonstrates in a series of experimental fires that the addition of fresh bone to a wood fire extends the length of burn time in proportion to the ratio of bone to wood. Other subsequent

* Institutional reference: Department of Anthropology, University of Arizona, smentzer@email.arizona.edu

studies focus on the burning properties of different types of bone (Costamagno *et al.*, 1998), different element portions, moisture content, and fragmentation (Théry-Parisot *et al.*, 2005; Théry-Parisot, Costamagno, 2005). This study explores the fragmentation of bone prior to burning in order to determine whether there are functional reasons for adding bone of different sizes to fires. This study also evaluates bone burning from the perspective of factors affecting the archaeologist's ability to recognize a particular behavior, considering both the relationship between the initial and final bone fragment size distributions, as well as the ash component of a bone-fueled hearth.

Researchers debate if, in the Paleolithic, bones were intentionally burned, and if they were, whether they were deliberately burned for fuel, were burned as a consequence of other activities, such as cooking or site cleaning, or were burned purely by accident, as in the placement of a hearth over an existing bone bed (*e.g.* Spenneman, Colley, 1989; Stiner *et al.*, 1995; Cain, 2005). Stiner *et al.* (1995) describe a series of experimental bone fires which revealed that bones burned indirectly as a result of hearth placement become only partially or fully charred (blackened and carbonized throughout), but not calcined (white). Conversely, bones that are placed directly into a fire often become fully charred and/or calcined. The presence of large quantities of fully charred bones in association with hearths in many Paleolithic sites suggests that these bones were intentionally added to the fires. Another potential indicator of intentional bone burning may be mineralogical composition of archaeological ash. Stiner *et al.* (1995) note that experimental fragmentation of burned bones due to mechanical agitation produces a powder compo-

nent, resulting in material that is not immediately identifiable as bone. In addition, the research carried out by Stiner *et al.* (1995), Théry-Parisot *et al.* (2004) and Costamagno *et al.* (2005) indicates a loss of calcined bone relative to charred bone in archaeological settings, suggesting, as in the experimental tests, a reduction of this component to powder. Reduction could occur during mixing processes such as hearth cleaning and bioturbation or post-depositional compaction processes, such as trampling and burial. Because this powder component resembles or may be mixed with wood ash, its identity may only be recognizable using microscopic techniques. Chemical tests, such as Fourier transform infrared spectroscopy (FTIR) may be useful in distinguishing pure wood ash from powdered calcined bone, or a mixture thereof. These latter substances could be used to provide additional evidence for the intentional burning of bone in archaeological sites.

Théry-Parisot (2002) demonstrates that the addition of fresh bone to a wood fire extends the length of time that a fire burns and produces both radiative and convective heat. She suggests that for these reasons, prehistoric people may have introduced bone to fires regardless of the abundance of wood resources in their area. Other researchers present evidence that prehistoric bone burning behaviors imply intentional fuel selection rather than use due to lack of wood. Costamagno *et al.* (1998) and Villa *et al.* (2004) note that spongy bone is preferentially represented in archaeological burned bone assemblages. Costamagno *et al.* (1998) propose that spongy bone is a better fuel source than compact bone because it contains more grease. They report that fragmentation of the spongy bone prior to burning results in faster ignition when it is added to experimental bone fires. They also suggest that the higher proportions of burned spongy bone to burned compact bone in archaeological assemblages indicate intentional selection of specific bone portions which were added to the fire as fuel.

Reports of burned bones recovered from archaeological sites often include general observations that burned bone fragments are quite small and often unidentifiable (*e.g.* Riparo Salvinni, Grotta Breuil; Stiner *et al.*, 1995). Cain (2005) notes that burned bone assemblages from Sibudu Cave are dominated by fragments that fall into a size fraction of less than 2 cm; this fraction may also be underrepresented due to the difficulty in recovering such small pieces. Villa *et al.* (2002; 2004) describe burned bone assemblages from several European Paleolithic sites, a large majority of which are composed of size fractions less than 2 cm. They attribute this preponderance of small bone fragments to deformation and fragmentation during burning and post-depositional effects. They note that the small and unidentifiable faunal remains are often the best indicators of bone burning, an activity whose importance may be overlooked if only the identifiable fragments are studied. Costamagno *et al.* (2005) elaborate upon this observation, specifying that unidentifiable fragments can be used to estimate the intensity of burning, as well as the histological nature of the bone that was burned.

Several studies indicate that morphological properties of bone determine their amenability to burning. Théry-Parisot *et al.* (2005) find that in experimental contexts, higher density spongy bone produces longer burning fires than lower density

spongy bone irrespective of grease content. This result suggests that although grease fuels a fire, the morphological properties of bones determine whether or not this grease may be accessed by flames. Théry-Parisot *et al.* (2005) also investigate whether fragmentation affects properties of a fire. Their experimental burning of complete and fragmented ungulate humeri reveals that fragmentation has little effect on the temperature of a bone fire. Fragmentation does however have an effect on the duration of burning: fragmented humeri burn for less time than an equal mass of whole humeri, due to liberation of the fat.

PURPOSE OF EXPERIMENT

According to Villa *et al.* (2004), burned bone assemblages are a particularily useful subset of archaeological faunal assemblages in that both the identifiable and non-identifiable fractions yield information about human behavior. In fact, Villa *et al.* (2004) and Costamagno *et al.* (2005) conclude that because burned bones are generally small, the non-identifiable fraction is more informative than the identifiable fraction for understanding burning practices (ie: fuel use and discard patterns). Bone fragmentation occurs prior to, during and after burning. In an archaeological context, fragmentation prior to burning can result from accidental and intentional breakage during butchering, as well as intentional breakage during marrow processing activities. Heat- and gas-induced fragmentation during or immediately following burning is reported by Stiner *et al.* (1995) as well as by Théry-Parisot *et al.* (2004) and Costamagno *et al.* (2005). Fragmentation following burning results from post-depositional processes, such as compaction of sedimentological layers and cryoturbation, as well as from human activities such as trampling and hearth cleaning (see Schiegl *et al.*, 2003 for redistribution of burned bone at Hohle Fels Cave). Stiner *et al.* (1995) relate a bone's ability to withstand mechanical stress (brittleness) to a categorical degree of burning represented by color. Their experiments roughly simulate the effects of mechanical mixing and trampling and suggest that highly burned bones are particularly susceptible to fragmentation.

This study expands upon Stiner *et al.* (1995) exploration of fragmentation of bone following burning, by also exploring the fragmentation of bone prior to burning from both functional and archaeological perspectives. The functional aspect of this study investigates, as in Théry-Parisot *et al.* (2004) whether the initial degree of bone fragmentation of bone used for fuel determines the length of time that a fire burns. According to Théry-Parisot *et al.* (2005), fragmentation liberates fat contained within the bone. Fragmentation also increases the surface area that is available for burning. These observations suggest that variations in bone fragment sizes may affect the physical properties of a fire. The archaeological aspect of this study tests whether initial bone fragmentation of a particular length distribution is reflected in post-burning distributions of burnt fragment lengths. In this paper, the mean fragment length is used as a proxy for the degree of fragmentation, with a lower mean length indicating a highly fragmented assemblage (Lyman, 1994). Since this experiment focuses on the burning of bones from a medium to large ungulate, these results are only comparable to archaeological assemblages dominated by species that fall into this category.

Fresh bone element breakage, whether due to butchery practices, marrow removal or intentional fragmentation for the purposes of influencing the properties of combustion may affect the post-burning bone fragment size distribution in multiple ways. As described above, Théry-Parisot *et al.* (2004) and Costamagno *et al.* (2005) demonstrate that fragmentation affects the duration of a bone fire; therefore, the average size prior to burning could affect the temperature or duration of the fire (for example, by exposing more surface area to the fire), which would in turn determine how thoroughly the bones are burned In fact, Costamagno *et al.* (2005) found that fragmented elements (as compared to whole elements) resulted in less intense combustion, as indicated by the percentage of fully calcined pieces. Costamagno *et al.* (2005) also hypothesize that the initial state of the bone fragments cannot be determined from the burned assemblage. This study tests these hypotheses by burning a series of experimental fires and unlike Théry-Parisot *et al.* (2005), evaluates the effects of different size classes of fragmented fresh bone on fire duration.

EXPERIMENTAL METHODS

The first part of this study replicates intentional bone burning and addresses the effects of fragmentation intensity on the duration of burning and temperature of experimental bone fires. In order to ensure general comparability of results, experimental methods, including hearth construction, fuel selection, and the utilization of wood-only controls are similar to those described in Théry-Parisot (2002). In this experiment, a series of six hearths contained mixtures of fragmented bone and wood, while two control fires contained only wood. Bone-fueled fires contained bones derived from a near-complete post-cranial skeleton of an adult pig (*Sus scrofa*). The bones were broken using a chisel and hammer, as well as a jig saw. Marrow was manually removed from broken long bone shaft fragments. The broken bones were divided into three assemblages having mean lengths with approximately normal distributions centered at 5, 10 and 15 cm. These target lengths were chosen based on the lengths of available whole elements, which had maximum values of 20 cm; each assemblage was dominated by fragments of elements. Regardless of fragment size, each assemblage of bones contained a similar suite of elements and portions of elements (ie: ribs, vertebrae, long bone shafts and long bone ends).

The burning took place in two sessions of four fires each. The fires were constructed on slightly depressed, cleared ground surfaces 60 cm in diameter. Approximately 1 100 grams of Western red cedar (*Thuja plicata)* and 1 200 grams of pinyon (*Pinus spp.)* were mixed in order to obtain a wood fuel having comparable heat output with the *Pinus sylvestris* used in Théry-Parisot (2002). These wood mixtures were arranged in rectangular boxes with a series of short wood fragments laid on top of and perpendicular to two long wood pieces. Tinder, consisting of 50 grams each of cedar bark, mesquite twigs and pine twigs plus 100 grams of Fatwood (a commercial tinder manufactured from the resin-rich heartwood of pine) was arranged in the center of each wood construction. After five minutes of burn time, bones fragments were placed in each fire except the controls. The bone fragments were added to the fires over a period of 45 minutes because at the outset, the rectangular

arrangements of wood were not strong enough to support the entire mass of bone. At the 15 minute point (10 minutes after the first addition of bones) an additional 500 grams of cedar were added to each fire and an additional 50 grams of pine twigs were added at the 22 minute point. Hearth center temperatures were recorded frequently using thermocouples with maximum ranges of 1 100 °C. All of the fires were tended. The end times were recorded when visible flames were no longer present. Both burning sessions took place one day after a rainstorm, which resulted in higher than normal humidity for Tucson, Arizona. The first burning session had ambient conditions of partly cloudy, breezy and 20 °C. The second session was partly cloudy, breezy and 30 °C. The positioning of the fires with respect to walls, shrubs and other windbreaks was changed between sessions so as to ensure that no particular bone size fire was exposed to the most wind during both sessions.

The second part of this study investigates the components of an intentional bone fire that remain in the archaeological record; specifically, the burned bone fragments and the ashes. After burning and cooling, all burned bone fragments, charcoal pieces and ashes were removed from the combustion zones. All bone fragment lengths were measured to the nearest millimeter using calipers. Ashes, charcoal and bones were bagged separately and weighed on an Acculab 6 000 laboratory scale in order to assess recovery of hearth materials.

The impact of intentional bone burning on the composition of hearth ashes was investigated using mineralogical analyses of ash and burned bone mixtures. As described above, calcined bones are most indicative of intentional introduction of bones to a hearth because they cannot form from indirect burning (Stiner *et al.*, 1995). Unfortunately, calcined bones are also the most susceptible to post-depositional powdering, and in powdered form, their white color may be easily confused with ash. Therefore, the ashy component of a preserved bone hearth may be most informative about the intentionality of the burning if it can be demonstrated that it contains bone. Ash and calcined bone mineralogy was determined using FTIR, an analytical technique that measures the absorbance of infrared energy at wavelengths that are unique to different substances. Weiner *et al.* (1993) have demonstrated the utility of this technique for identifying minerals that are common in archaeological sediments.

Samples of wood ash were obtained from the control fires, while fully calcined (white) bones were hand-picked from the burned bone assemblages following all other measurements. Calcined bones were initially ground together using a coffee grinder and then mixed and reground with samples of ash using a Wig-L-Bug dental amalgam mixer for equal amounts of time. This mixing and grinding procedure ensures that all samples have equal bone mineral crystallinities (see Surovell, Stiner, 2001). The resulting mixtures of ash and powdered calcined bone (fig. 3.1 for ratios), as well as samples of pure wood ash and powdered bone were first artificially « cemented » several times by spraying the samples with deionized water until wet but not saturated and allowing them to dry. These steps simulate natural exposure conditions in that they subject the ash mixtures to moisture fluctuations that change the ash crystal structure from unstable components to the dominant calcium carbonate mineralogy that is present in archaeological

Sample Number	Wood Ash : Calcined Bone (by mass)
1	0 : 100
2	9 : 91
3	17 : 83
4	19 : 81
5	24 : 76
6	40 : 60
7	50 : 50
8	60 : 40
9	76 : 24
10	83 : 17
11	91 : 9
12	100 : 0

Fig. 3.1. Wood ash and powdered calcined bone mixtures analyzed using FTIR.

ashes (Canti, 2003). The dried samples were then analyzed using a Thermo-Nicolet FTIR spectrometer equipped with a diamond-crystal attenuated total reflectance (ATR) accessory. Spectra were produced from 64 averaged scans at a resolution of 4 cm-1 and analyzed using the Omnic E.S.P 5.2 software package. All spectra were displayed in absorbance mode and corrected using the ATR correction algorithm, which reduces distortion of spectra caused by differential penetration of the IR beam into the sample at different wavenumbers.

RESULTS

The quantitative results, as well as all initial masses of bones and wood and their ratios by mass are summarized in figure 3.2. Five of the six bone fires burned for longer than their respective controls. Of the three types of bone fires containing different mean fragment lengths, the one containing 5 cm bone was the most difficult to maintain and exhibited the most severe temperature drop after adding the first bone fragments (fig. 3.3). This temperature

Fire (round)	Control (1)	Control (2)	5 cm (1)	5 cm (2)	10 cm (1)	10 cm (2)	15 cm (1)	15 cm (2)
Bone (g)	0	0	2070	1902	2076	1776	2075	1950
Cedar (g)	1120	1112	1192	1164	1090	1115	1082	1105
Pinyon (g)	1115	1232	1091	1177	1160	1218	1192	1267
Tinder (g)	254	250	250	250	251	250	254	250
Additional Wood (g)	600	500	600	500	600	500	600	500
Total Wood (g)	3089	3094	3133	3091	3101	3083	3128	3122
% Wood	100	100	60	62	60	63	60	62
% Bone	0	0	40	38	40	37	40	38
Bone Count Initial	NA	NA	66	69	17	25	10	10
Bone Count Final	NA	NA	209	211	203	185	82	159
Count Initial/Count Final*	NA	NA	3.2	3.1	11.9	7.3	8.2	15.9
Mean Length Initial (mm)	NA	NA	49.2	52.0	102.9	102.4	149.0	150.0
Mean Length Final (mm)	NA	NA	30.6	29.5	27.0	31.0	40.1	29.5
Burn Time (min)	88	52	110	73	122	93	84	104
Burn Time as % Longer Than Control	NA	NA	24.4	40.4	38.6	78.8	-4.5	100
* The fragmentation index used by Costamagno *et al.* (2005).								

Fig. 3.2. Initial fuel masses, fragment counts, mean fragment sizes and burn times for two rounds of experimental fires and control fires.

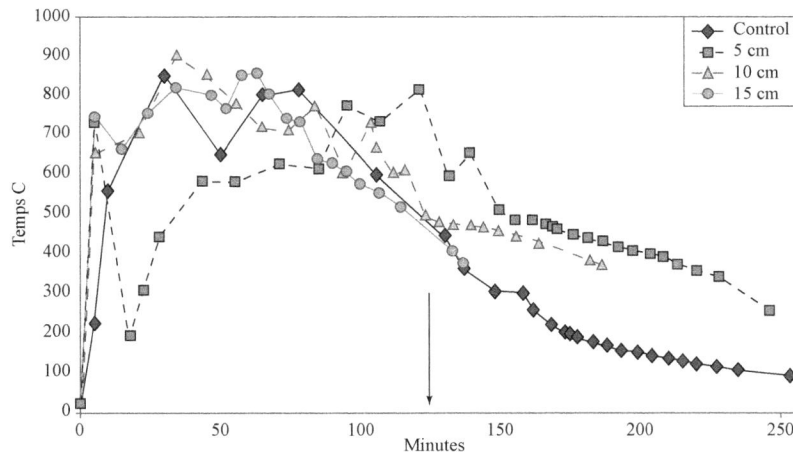

Fig. 3.3. Temperature measurements for the first set of four fires. All fires exhibited peak temperatures between 800 and 900° C. A temperature drop followed the introduction of bone to the fires. This drop is most extreme for the fire containing bone fragments with an average length of 5 cm due to smothering of the coals. Contrary to the findings of Théry-Parisot *et al.* (2005), this small experimental sample indicates that bone fires may retain heat longer than wood-only fires following die-down of flames. The flames in the longest-burning fire were completely out after 123 minutes (indicated by arrow).

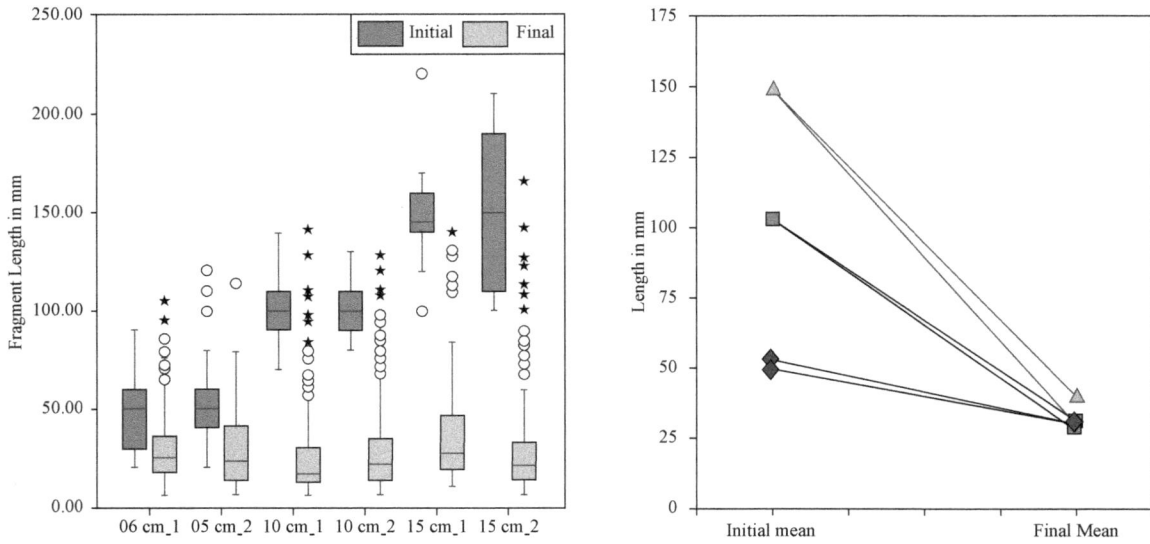

Fig. 3.4. Box plots of the initial and post-burning bone fragment length distributions reveal that the initial distributions are unique, while the final distributions are similarly skewed with median values that range from 1.7 to 2.7 cm. Comparisons of the initial and final mean lengths illustrate the convergence upon a post-burning mean length of approximately 3 cm. This convergence indicates that post-burning bone fragment lengths do not reflect initial lengths.

behavior seemed to occur because the small bone fragments fell through the logs onto the coal bed, which smothered the fire. When bones were added to the 10 cm and 15 cm fires, the temperature drop was less severe because the logs supported the fragments, which allowed air to reach the coals.

Bone fragment length distributions reveal significant morphological changes that occurred during the burning process. Initial distributions exhibit agreement between mean and median values; however, post-burning distributions are uniformly skewed to the right with median values consistently lower than mean values (fig. 3.4). In addition, all post-burning mean lengths are clustered between 3.0 and 5.7 cm with little relationship between initial mean size and final mean size. The burned samples likewise exhibit increased fragmentation relative to the unburned samples, especially in the 10 and 15 cm initial size classes.

In the burned assemblages as a whole, 42 % of fragments are less than 2 cm in length, compared to 7 % in the initial unburned assemblage.

Kolmolgorov-Smirnov tests indicate that, according to these experimental datasets, unburned bone length distribution is a poor predictor of the resulting burned length distribution. Because the burned bone length distributions are skewed towards small fragment lengths, the mean values insufficiently represent the shapes (fig. 3.4) and non-parametric statistics were employed to assess the difference. Prior to burning, results of the Kolmolgorov-Smirnov test, which evaluates whether two sets of variables have the same distribution, indicated that the distributions of the 5, 10 and 15 cm fragment collections were significantly different from one another ($Z < 0.05$ in all cases). Following burning, however, in 8 of 12 comparisons between samples having different initial

	5 cm (1)	5 cm (2)	10 cm (1)	10 cm (2)
10 cm (1)	**.000**	**.001**	–	–
10 cm (2)	.088	.601	–	–
15 cm (1)	.228	.066	**.000**	.062
15 cm (2)	.080	.259	**.019**	.928

Fig. 3.5. Kolmolgorov-Smirnov Z for burned bone fragment collections with different initial means. A score less than 0.05 indicates significant difference (bold).

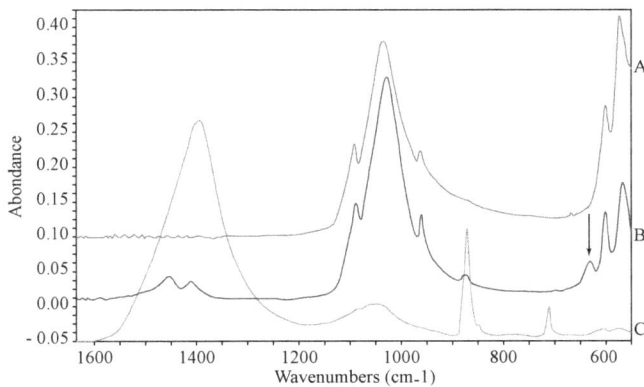

Fig. 3.6a. FTIR spectra of pure reference samples: A) Pure mineral apatite, B) pure cemented calined bone, C) pure cemented ash. As indicated in Stiner et al. (1995) and Schiegl et al. (2003), a peak at 631 cm-1 (arrow) is present in the calcined bone sample but absent in the mineral apatite sample.

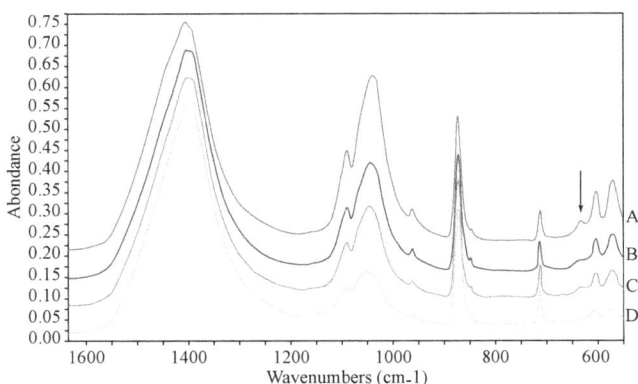

Fig. 3.6b. FTIR spectra of mixtures by weight of cemented calcined bone and wood ash: A) 40 % calcined bone, B) 24 % calcined bone, C) 16 % calcined bone, D) 9 % calcined bone. Between 16 % and 24 % calcined bone, the peak at 631 cm-1 (arrow) becomes distinct. This peak can be used to identify archaeological mixtures of powdered calcined bone and ash.

mean sizes, the final size distributions cannot be considered significantly different (fig. 3.5).

FTIR spectra reveal clear differences between wood ash and powdered calcined bone (fig. 3.6a). Wood ash has diagnostic peaks that are indicative of calcium carbonate, while calcined bone is nearly identical in composition to apatite, a phosphate mineral that may also occur naturally in archaeological sites. As reported in Stiner et al. (1995), the ratio between the carbonate peak at 874 cm-1 and the phosphate peak at 565 cm-1 provides a rough estimate of the percentage of ash and calcined bone in a particular sample. Unfortunately, this observation cannot distinguish between a mixture of ash and powdered calcined bone and a mixture of ash and authigenic apatite. Authigenic apatite (dahllite and francolite) forms in archaeological sites when calcium carbonate reacts with a phosphate source, such as guano (Weiner et al., 1993). Wood ash is particularly susceptible to such alteration (Schiegl et al., 1996). The artificial mixtures created for this study reveal that at concentrations of calcined bone lower than 20 % by dry weight, ash-bone mixtures are indistinguishable from ash-authigenic apatite mixtures. However, at concentrations greater than 20 %, the presence of a peak at 631 cm-1 is indicative of calcined bone (fig. 3.6b).

DISCUSSION

The burning durations compare favorably with Théry-Parisot's published results for fires that contained 40 % bone and 60 % wood (Théry-Parisot, 2002). Her burning durations range from 65 to 120 minutes, while the fires in this study burned for 73 to 122 minutes with a mean burn

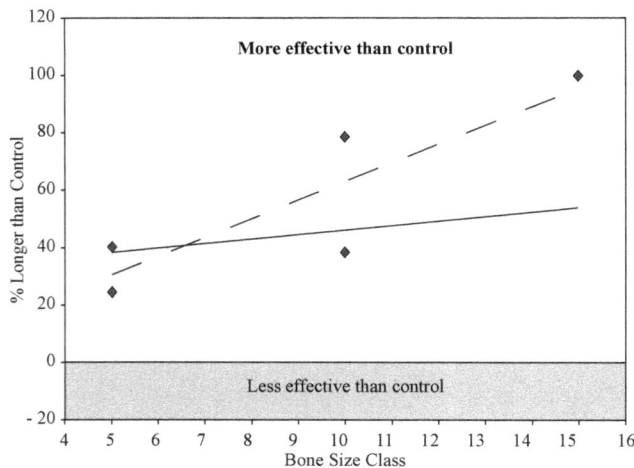

Fig. 3.7. Five of the six fires containing bone fragments burned longer than their respective control fires. A regression of all six fires (solid line, $R^2 = 0.0332$) shows a slight positive correlation between bone fragment length and length of burn time. Eliminating the single less effective fire results in a stronger correlation (dashed line, $R^2 = 0.7499$).

time of 98 minutes. Théry-Parisot's control fires burned for 40 to 110 minutes (Théry-Parisot, 2002), while the control fires in this study burned for 52 and 88 minutes. When the burning durations for the bone fires are plotted as a percent of the control fire burn time, there is a slight positive correlation (fig. 3.7) between the bone size and the burn time. This correlation is consistent with Théry-Parisot *et al.* (2005) observations that whole bones provide longer-burning fuel than fragmented bones. Although small bone fragments theoretically have greater surface areas and should ignite quickly, providing an increase in both flame abundance and fire temperature, the smothering effects of the small pieces negate these benefits and can actually jeopardize the maintenance of the fire. This observation suggests that if prehistoric peoples intentionally fragmented bones prior to burning during butchery or in order to remove marrow, they could adversely affect their fires by adding small fragments. Therefore there is a benefit to selecting

bone portions that contain grease (Costamagno *et al.*, 1998; Théry-Parisot *et al.*, 2005) as well as to selecting larger fragments when using bone as a fuel source. Unfortunately, the post-burning fragment size distributions prevent any archaeological observation of size selection and confirm Costamagno *et al.* (2005) hypothesis.

These experimental cases provide a comprehensive record of size distribution resulting from initial fragmentation and burning since recovery of bone fragments is estimated to be close to 100 %. The statistical results suggest that neither these experimental samples, nor archaeological burned bone fragments can provide information about bone fragmentation prior to burning. On the other hand, other behavior-specific markers besides the degree of fragmentation can survive the burning process. For example, Cain (2005) reports that distinctive bone breakage marks are visible on burned bone fragments from Sibudu Cave. In addition, all of the burned bone assemblages generated in this study contained larger bone fragments, on average, than archaeological assemblages described by Villa *et al.* (2002). Despite the fact that the experimental fires were allowed to burn to completion, approximately 40 % of the burned fragments from all of the fires are less than 2 cm in length, in contrast to the values higher than 95 % reported from archaeological cases by Villa *et al.* (2002), but consistent with similar experimental results published by Costamagno *et al.* (2005). This difference suggests that while heat during burning produces some fragmentation, post-depositional processes are responsible for many of the morphological characteristics of burnt bone assemblages.

Identification of mixtures of ash and calcined bone in archaeological settings can be an important step in identifying intentional bone burning, because, as described above, abundant calcined bone is only produced when bones are placed directly into a fire. Post-depositional natural reworking as well as human activities such as cleaning and ash dumping can separate and mix hearth components and contribute to their breakdown. Moreover, the fully calcined bones that are most indicative of intentional burning of bone are also the most susceptible to such fragmentation and loss from the visible archaeological record. This study demonstrates the ease of identifying calcined bone powder mixed with ash in concentrations as low as 20 %. In archaeological situations where bone burning is suspected, especially in cases where hearth features are not intact, it may be useful to analyze ash concentrations for calcined bone in order to identify this lost component.

CONCLUSIONS

As presented above, burned bones in association with Paleolithic hearths are often shorter in length than unburned bones. Following Stiner *et al.* (1995), this size difference is generally considered to be a result of increased susceptibility to fragmentation following burning, however food procurement activities as well as selective use of bone portions as fuel may produce unique pre-burning bone size distributions. This study investigated whether the treatment of fresh bone prior to burning affects 1) the final size distribution of burned bone fragments, and 2) the length of time that fires burn. The results support the observations of Théry-Parisot (2002): fires containing bones burn longer than

their respective wood-only control fires. In addition, there is a slight positive correlation between the initial mean bone size and the length of time that a fire burns; however the initial size distribution of the bone fragments has no effect on the final size distribution of the burned bones. Statistical comparisons of the final bone size distributions indicate that in several cases there are no significant differences. Burned bone fragment length in archaeological settings is therefore controlled by a combination of breakage during burning and post-depositional processes. FTIR analyses of the calcined bones and ashes reveal distinct mineralogical differences that may be applied to future studies of burned bone and ash mixtures.

Acknowledgements

This study began as a project for Dr. Michael B. Schiffer's course on experimental archaeology. I am grateful for his comments on the experimental design. Dr. Nancy Odegaard and the staff of the Arizona State Museum conservation laboratory kindly allowed me access to the FTIR, and Nicole Flowers assisted in breaking and burning the bones. I would also like to thank Mary Good, Tiina Manne and Britt Starkovich for their comments on earlier drafts of this paper, as well as Dr. Jon Speth and an anonymous reviewer for their suggestions for manuscript improvement. Finally, I would like to thank Dr. Steven Kuhn for comments on statistical methods, as well as both Dr. Kuhn and Dr. Mary C. Stiner for providing experimental supplies and outdoor space for burning. This research was supported (in part) by a Graduate Fellowship from the National Science Foundation's IGERT Program in Archaeological Sciences (DGE-0221594).

BIBLIOGRAPHY

CAIN, C. R. (2005) – Using burned animal bone to look at Middle Stone Age occupation and behavior. *Journal of Archaeological Science*. 32, p. 873-884.

CANTI, M. G. (2003) – Aspects of the chemical and microscopic characteristics of plant ashes found in archaeological soils. *Catena*. 54, p. 339-361.

COSTAMAGNO, S.; GRIGGO, C.; MOURRE, V. (1998) – Approche expérimentale d'un problème taphonomique: utilisation de combustible osseux au Paléolithique. *Préhistoire Européenne*. 13, p. 167-194.

COSTAMAGNO, S.; THÉRY-PARISOT, I.; BRUGAL, J.-P.; GUILBERT, R. (2005) – Taphonomic consequences of the use of bone as fuel. Experimental data and archaeological applications. In O'CONNOR, T., ed. – *Biosphere to Lithosphere: New studies in vertebrate taphonomy*. Proceedings of the 9th ICAZ Conferences (Durham, August 2002). Oxford: Oxbow Books. p. 51-62.

LYMAN, R. L. (1994) – *Of taphonomy and zooarcheology. Vertebrate Taphonomy*. Cambridge: Cambridge University Press. 576 p.

SCHIEGL, S.; GOLBERG, P.; BAR-YOSEF, O.; WEINER, S. (1996) – Ash deposits in Kebara and Hayonim Caves, Israel: macroscopic, microscopic and mineralogic observations, and their archaeological interpretations. *Journal of Archaeological Science*. 23, p. 763-781.

SCHIEGL, S.; GOLDBERG, P.; PRETZSCHNER, H.-U.; CONARD, N. J. (2003) – Paleolithic burnt bone horizons from the Swabian Jura: Distinguishing between *in situ* fireplaces and dumping areas. *Geoarchaeology*. 18, p. 541-565.

SPENNEMAN, D. H. R.; COLLEY S. M. (1989) – Fire in a pit: the effects of burning of faunal remains. *Archaeozoologia*. 3, p. 51-64.

STINER, M. C.; KUHN, S. L.; WEINER, S.; BAR-YOSEF, O. (1995) – Differential burning, recrystallization, and fragmentation of archaeological bone. *Journal of Archaeological Science*. 22, p. 223-237.

SUROVELL, T.; STINER, M. C. (2001) – Standardizing infra-red measures of bone mineral crystallinity: an experimental approach. *Journal of Archaeological Science*. 28. p. 633-642.

THÉRY-PARISOT, I. (2002) – Fuel management (bone and wood) during the Lower Aurignacian in the Pataud Rock Shelter (Lower Palaeolithic, Les Eyzies de Tayac, Dordogne, France). Contribution of experimentation. *Journal of Archaeological Science*. 29, p. 1415-1421.

THÉRY-PARISOT, I.; BRUGAL, J.-P.; COSTAMAGNO, S.; GUILBERT, R. (2004) – Conséquences taphonomiques de l'utilisation des ossements comme combustible. Approche expérimentale. *Les Nouvelles de l'Archéologie*. 95, p. 19-22.

THÉRY-PARISOT, I.; COSTAMAGNO, S.; BRUGAL, J.-P.; GUILBERT, R. (2005) – The use of bone as fuel during the Palaeolithic, experimental study of bone combustible properties. In MULVILLE, J.; OUTRAM, A., eds. – *The Archaeology of Milk and Fats*. Proceedings of the 9th ICAZ Conferences (Durham, August 2002). Oxford: Oxbow Book. p. 50-59.

THÉRY-PARISOT, I.; COSTAMAGNO, S. (2005) – Propriétés combustibles des ossements. Données expérimentales et réflexions archéologiques sur leur emploi dans les sites paléolithiques. *Gallia Préhistoire*. 47, p. 235-254.

VILLA, P.; BON, F.; CASTEL, J.-C. (2002) – Fuel, fire and fireplaces in the Palaeolithic of Western Europe. *The Review of Archaeology*. 23, 1, p. 33-42.

VILLA, P.; CASTEL, J.-C.; BEAUVAL, C.; BOURDILLAT V.; GOLDBERG P. (2004) – Human and carnivore sites in the European Middle and Upper Paleolithic: Similarities and differences in bone modification and fragmentation. *Revue de Paleobiologie*. 23, p. 705-730.

WEINER, S.; GOLDBERG, P.; BAR-YOSEF, O. (1993) – Bone preservation in Kebara Cave, Israel, using on-site Fourier transform infrared spectrometry. *Journal of Archaeological Science*. 20, p. 613-627.

COMBUSTIBLE OU NON ?
ANALYSE MULTIFACTORIELLE ET MODÈLES EXPLICATIFS SUR DES OSSEMENTS BRÛLÉS PALÉOLITHIQUES

Sandrine COSTAMAGNO*, Isabelle THÉRY-PARISOT**,
Jean CHRISTOPHE CASTEL*** et Jean-Philip BRUGAL****

Abstract. Burnt bone remains are found from many Palaeolithic sites but there may be several explanations for their presence. Laboratory experiments were set up in order to define the combustible properties of bones and to characterize the bone remains resulting from combustion. On the basis of these results, three indices relating to the frequency of the cancellous portions, the intensity of fragmentation and the intensity of combustion are proposed to describe and interpret the burned bone assemblages. The multivariate analysis carried out on a sample of Paleolithic archaeological assemblages makes it possible to differentiate three main categories (fuel, non-fuel and fuel/cleaning) which serve as the basis for a statistical model which we then apply to the study of other sites for which we propose an interpretation of the burned assemblages.

Keywords. Burnt bones, fuel, Palaeolithic, experimentation, hearths.

Résumé. De nombreux gisements préhistoriques livrent une quantité conséquente d'os brûlés dont il n'est pas toujours facile d'inférer l'origine. Une série d'expériences réalisées en laboratoire a permis de définir les propriétés combustibles de l'os et de caractériser les restes osseux issus de la combustion. Sur la base de ces résultats, trois indices relatifs à la fréquence des portions spongieuses, à l'intensité de la fragmentation et à l'intensité de la combustion sont proposés pour décrire et interpréter les assemblages osseux brûlés. L'analyse multivariée menée sur différents ensembles archéologiques pris comme référence permet de différencier trois grandes classes (« combustible », « non combustible » et « combustible et/ou entretien ») sur lesquelles repose le modèle statistique. Ce dernier est ensuite transposé à l'étude d'autres sites pour lesquels nous proposons une interprétation des assemblages brûlés.

Mots-clés. Os brûlés, combustible, Paléolithique, expérimentation, foyers.

INTRODUCTION

De nombreuses et récentes publications font mention, et commentent, la présence de restes fauniques brûlés dans des contextes archéologiques. Ces travaux témoignent de l'intérêt croissant pour ces vestiges dont l'interprétation reste souvent problématique. Si l'on s'en tient au seul territoire

* TRACE, UMR 5608 du CNRS, Université de Toulouse-Le Mirail, Maison de la Recherche, 5, allées Antonio-Machado, F-31058 Toulouse cedex 9, France, costamag@univ-tlse2.fr
** CÉPAM, Université Nice Sophia Antipolis, CNRS ; MSH de Nice, 250 rue Albert Einstein, bât. 1, 06560 Valbonne, France, thery@cepam.cnrs.fr
*** Muséum d'histoire naturelle de Genève, Route de Malagnou 1, 1208 Genève, Suisse, jean-christophe.castel@ville-ge.ch
**** ESEP-UMR 6636 du CNRS, MMSH, 5 rue du château de l'Horloge, BP 647, 13094 Aix-en-Provence cedex 2, France, brugal@mmsh.univ-aix.fr

français, les sites qui renferment de tels restes sont nombreux, depuis le Paléolithique moyen jusqu'au Mésolithique, avec toutefois une occurrence variable selon la période chrono-culturelle. Généralement assez rares dans le Moustérien, avec de notables exceptions : La Combette (Texier *et al.*, 2005a, b), Saint Césaire (Patou-Mathis, 1993), La Quina (Chase, 1999), Le Malpas (Thiébault, 1980), Bau de l'Aubesier (Lebel, 2001), ils semblent mieux représentés au cours du Paléolithique supérieur récent (Solutréen et Magdalénien) [*e.g.* Cuzoul de Vers (Castel, 1999 ; 2003), Grotte du Placard et Saint-Germain-la-Rivière (Costamagno *et al.*, 1998), Moulin-Neuf (Costamagno, 2000), Enlène (Fosse, comm. orale)], mais surtout, et de façon beaucoup plus systématique, dans les gisements aurignaciens où ils sont particulièrement abondants [*e.g.* abri Castanet (Théry-Parisot, 2001 ; Villa *et al.*, 2002), abri Pataud (Théry-Parisot, 2002a), Brassempouy (Bon *et al.*, 1998 ; Letourneux, 2003), Caminade-Est (Costamagno *in* Bordes, Lenoble, 2000), Le Flageolet (Bombail, 1989), la Ferrassie (Delporte *et al.*, 1984), le Piage (Castel, Morin *in* Bordes *et al.*, 2005 ; Champagne, Espitalié, 1981), Isturitz (Costamagno, sous presse), Grotte Tournal (Tavoso, 1987)].

L'abondance des éléments brûlés confère à ces sites une véritable spécificité et pose, logiquement, la question de leur origine. Pratiques culinaires (Costamagno *et al.*, 2005 ; Gifford-Gonzalez, 1989 ; 1993 ; Montón Subías, 2002 ; Pearce, Luff, 1994 ; Wandsnider, 1997) ou rituelles (Tchesnokov, 1995), simple proximité des foyers (Bennett, 1999 ; Stiner *et al.*, 1995) ou incendie naturel (Brain, 1981 ; David, 1990), entretien du camp (Cain, 2005 ; Spennemann, Colley, 1989) ou combustible (Castel, 1999 ; 2003 ; Costamagno *et al.*, 1998 ;

Théry-Parisot, 2001 ; 2002b ; Théry-Parisot *et al.*, 2005 ; Villa *et al.*, 2002) sont autant d'utilisations (simultanées ou successives) qui peuvent expliquer la présence de ces vestiges, quelle que soit la période chronoculturelle. Le postulat proposé par l'archéozoologue conduit toujours à une interprétation dont le sens et la valeur économique ne sont pas anodins pour la compréhension globale du site, notamment lorsqu'il s'agit de combustible. À ce titre, la caractérisation des assemblages osseux brûlés et plus encore la définition de leur origine, en tant que marqueur potentiel de pratiques sociales ou économiques, constitue un des objectifs majeurs de l'étude archéozoologique. Se pose alors la question de la discrimination de ces pratiques : comment et sur quel(s) critère(s) peut-on interpréter ces assemblages ?

Pour l'essentiel, les études relatives à la combustion des ossements ont concerné la caractérisation des signatures physico-chimiques des os brûlés (Brain, Sillen, 1988 ; Nicholson, 1993 ; Shahack-Gross *et al.*, 1997 ; Shipman *et al.*, 1984 ; Sillen, Hoering, 1993 ; Taylor *et al.*, 1995 ; Walters, 1988) ou leur taphonomie (cf. Costamagno *et al.*, 2005 pour une synthèse bibliographique détaillée sur le sujet). Si quelques études ont été menées dans le but de documenter l'état dans lequel les os ont été brûlés : frais avec chair, frais décharnés, secs ou bien encore fragmentés (Gifford-Gonzalez, 1989 ; Guillon, 1986 ; Johnson, 1989 ; Thurman, Willmore, 1981), la recherche de caractères pertinents permettant d'identifier l'origine de la combustion reste un aspect relativement peu abordé dans la littérature (Bennett, 1999 ; Costamagno *et al.*, 1998 ; Costamagno *et al.*, 2005 ; David, 1990 ; Gifford-Gonzalez, 1989 ; Spennemann, Colley, 1989), ce qui pose problème pour l'interprétation des ensembles osseux brûlés. Une série d'expériences réalisées en laboratoire a permis de définir les propriétés combustibles de l'os (Théry-Parisot, Costamagno, 2005 ; Théry-Parisot *et al.*, 2005) et de caractériser les restes osseux issus de la combustion (Costamagno *et al.*, 2005 ; Théry-Parisot *et al.*, 2004). Sur la base de ces analyses, il semble maintenant possible de discriminer les ensembles osseux issus de contextes archéologiques qui sont, sans équivoque, employés comme combustible de ceux pour lesquels la combustion a une autre origine.

DE L'EXPÉRIMENTATION AUX INDICES

Réalisée en laboratoire, dans des conditions standardisées, l'expérimentation a porté sur la combustion d'humérus de bœuf, os long choisi pour la variabilité du tissu osseux (portions spongieuses de densités variables). Les résultats obtenus portent sur 30 expériences organisées selon 10 modalités (épiphyses et diaphyses, brûlées indépendamment, fragmentées ou entières, fraîches ou sèches) reproduites trois fois afin de prendre en compte la variabilité du comportement au feu ; au terme des expériences, près de 17 000 restes ont été étudiés (voir détails *in* Costamagno *et al.*, 2005 ; Théry-Parisot, Costamagno, 2005 ; Théry-Parisot *et al.*, 2005).

Sur cette base, nous proposons plusieurs critères d'évaluation, appelés indices, des assemblages osseux brûlés archéologiques. Ils permettent de discriminer les vestiges fauniques qui ont été employés comme combustible de ceux qui ont été brûlés « accidentellement » (cuisson, entretien du camp, proximité des foyers, etc.). Ces indices

prennent en compte les propriétés combustibles des ossements (tissu spongieux *vs* tissu compact) et les processus intrinsèques de la combustion (intensité de fragmentation et de calcination). Leur pertinence est évaluée en fonction de la possibilité de les transposer au matériel archéologique. Ils sont exprimés en pourcentages afin que les effectifs des ensembles brûlés fossiles ne puissent pas être un facteur discriminant. Par ailleurs, la combustion, qui induit une intense fragmentation des ossements, limite largement la détermination des restes. En conséquence, il est nécessaire de travailler sur l'ensemble du matériel osseux récolté à la fouille et au tamisage et non uniquement sur les restes déterminés (Costamagno *et al.*, 1998 ; Castel, 1999 ; Costamagno *et al.*, 2005 ; Théry-Parisot *et al.*, 2004).

Le pourcentage d'os brûlés au moins carbonisés

Dans l'ensemble, les ossements issus des combustions expérimentales sont toujours intensément brûlés comme l'indique l'indice de combustion (IC) (fig. 4.1), compris entre 0,612 et 0,935 (moyenne = 0,77), et le pourcentage de pièces calcinées qui représente en moyenne 76 % des restes osseux. L'intensité de la combustion dépend de la quantité de graisse (lipides) disponible dans les portions mises au feu mais également du degré de fracturation des ossements avant leur combustion. Ainsi, les épiphyses complètes et/ou riches en lipides sont respectivement plus intensément brûlées que les portions fracturées avant combustion ou pauvres en graisse, seule exception, les os complets qui, en raison probablement de leur moelle, présentent les plus forts indices de combustion.

Codes couleurs	Description	Nombre d'os	Coefficient
0	Non brûlés	x_a	x_a X 0
1	Os partiellement brûlés	x_b	x_b X 1
2	Os carbonisés (majoritairement noirs)	x_c	x_c X 2
3	Os majoritairement gris	x_d	x_d X 3
4	Os calcinés (majoritairement blancs)	x_e	x_e X 4
indice de combustion		$\dfrac{\sum (x_a \text{ X } 0 \text{ à } xe \text{ X } 4)}{\sum (x_a \text{ à } x_e) \text{ X } 4}$	

Fig. 4.1. Calcul de l'indice de combustion d'après les codes de couleurs.

Indices	Formule de calcul
Pourcentage d'os spongieux brûlés	(SPON2 + SPON3 + SPON4)/ (NR2 + NR3 + NR4) X 100
Pourcentage d'os brûlés inférieurs à 2 cm	NR brûlés < 2 cm/NRT brûlés X 100
Pourcentage d'os brûlés au moins carbonisés	(NR2 + NR3 + NR4)/ NRT brûlés X 100

Fig. 4.2. Description des indices retenus.
(SPON = portions spongieuses (côtes, vertèbres, os costal, cavité glénoïde scapula, os coxal, extrémités articulaires os longs, carpiens, tarsiens, sésamoïdes, fragments de tissu spongieux indéterminé); NRT = nombre de restes total; l'indice correspond aux codes couleurs (cf. fig. 1), ex: NR2 correspond au nombre de restes (spongieux ou compacts) carbonisés, SPON4 au nombre de portions spongieuses calcinées).

En comparaison des séries expérimentales, les ensembles archéologiques étudiés (cf. *infra*) présentent des indices de combustion relativement faibles (en moyenne 0,5 pour l'archéologique contre 0,7 pour l'expérimental). Il en va de même pour le pourcentage d'os calcinés (en moyenne 15,7 % pour l'archéologique contre 76,1 % pour l'expérimental). Or, plusieurs études ont montré que, face aux agents post-dépositionnels, les os calcinés sont plus fragiles que les os carbonisés (Gerbe, 2004; Stiner *et al.*, 1995). En contexte archéologique, cette sous-représentation peut autant être liée à la combustion des ossements qu'à des problèmes taphonomiques. Pour tenter de pallier ce biais, le calcul du pourcentage d'os brûlés s'effectue en intégrant aux classes 4 (os calcinés) et 3 (majoritairement gris) la classe 2 qui correspond aux os seulement carbonisés (fig. 4.2). En effet, dans nos expériences, en moyenne, près de 99 % des ossements sont au moins carbonisés.

Le pourcentage d'os spongieux brûlés

L'expérimentation a montré que seules les parties spongieuses sont réellement combustibles (Costamagno *et al.*, 1998; Théry-Parisot *et al.*, 2005). À poids équivalent, elles brûlent en moyenne deux fois plus longtemps que les parties compactes (fig. 4.3) grâce, certainement, à leur forte teneur en graisse. La combustion de l'os compact correspond davantage à une modification physico-chimique de l'os sous l'effet de la chaleur due à la combustion du bois (qui représente dans ces expériences 15 % de la masse de combustible) qu'à une réaction exothermique caractéristique des matériaux dits combustibles. De plus, celui-ci cesse de se consumer dès lors que la source de chaleur est éloignée. Par conséquent, il semble que l'os compact ne puisse pas être considéré comme un combustible *sensus strico* et ne peut avoir été utilisé en tant que tel.

Le pourcentage d'os spongieux brûlé traduit, par conséquent, la part d'intentionnalité de la combustion. Son calcul s'effectue en fonction du nombre de restes brûlés et non du nombre total de restes

afin de pondérer leur représentation (fig. 4.2). En effet, si le nombre de restes brûlés est peu abondant relativement aux non brûlés, une prépondérance des fragments spongieux brûlés peut être masquée par le poids des non brûlés. Par exemple, le rôtissage de la viande peut également induire une combustion spécifique des extrémités articulaires (Gifford-Gonzalez, 1989 ; Vigne, Marinval-Vigne, 1983). Afin d'éviter ce problème d'équifinalité, les os présentant des indices de combustion faibles (os partiellement brûlés présentant des tâches brunes de combustion) sont exclus des décomptes, ces vestiges pouvant résulter de la cuisson de la viande et non de l'utilisation de l'os comme combustible.

	ddl	S. des carrés	Carré moyen	Valeur de F	Valeur de p
histologie	1	18 648,375	18 648,375	7,176	,0129
résidu	25	64 965,625	2 598,625		

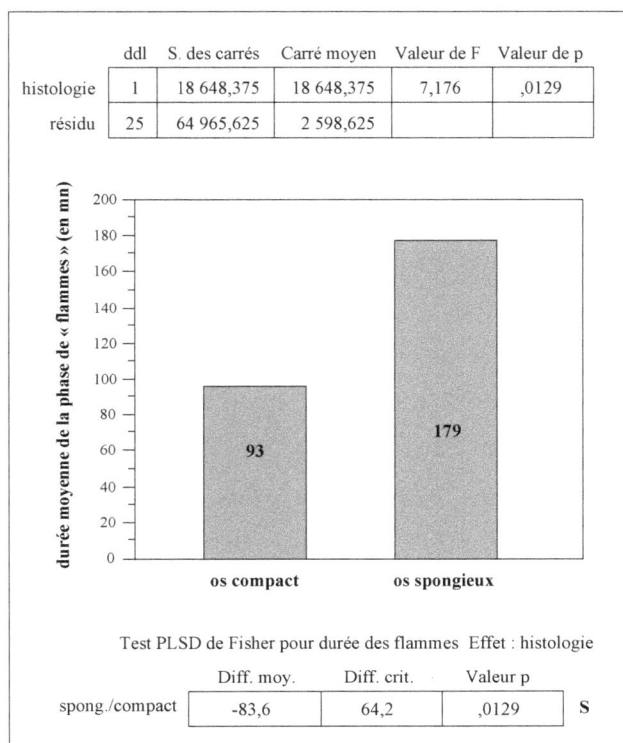

Test PLSD de Fisher pour durée des flammes Effet : histologie

	Diff. moy.	Diff. crit.	Valeur p	
spong./compact	-83,6	64,2	,0129	S

Fig. 4.3. Variance de la durée des flammes selon le type de tissu osseux.

Le pourcentage d'os brûlés inférieurs à 2 cm

Un des effets notables de la combustion réside dans le degré de fragmentation important des assemblages avec toutefois des différences sensibles dues à la taille des os (fracturation *ante* combustion) et

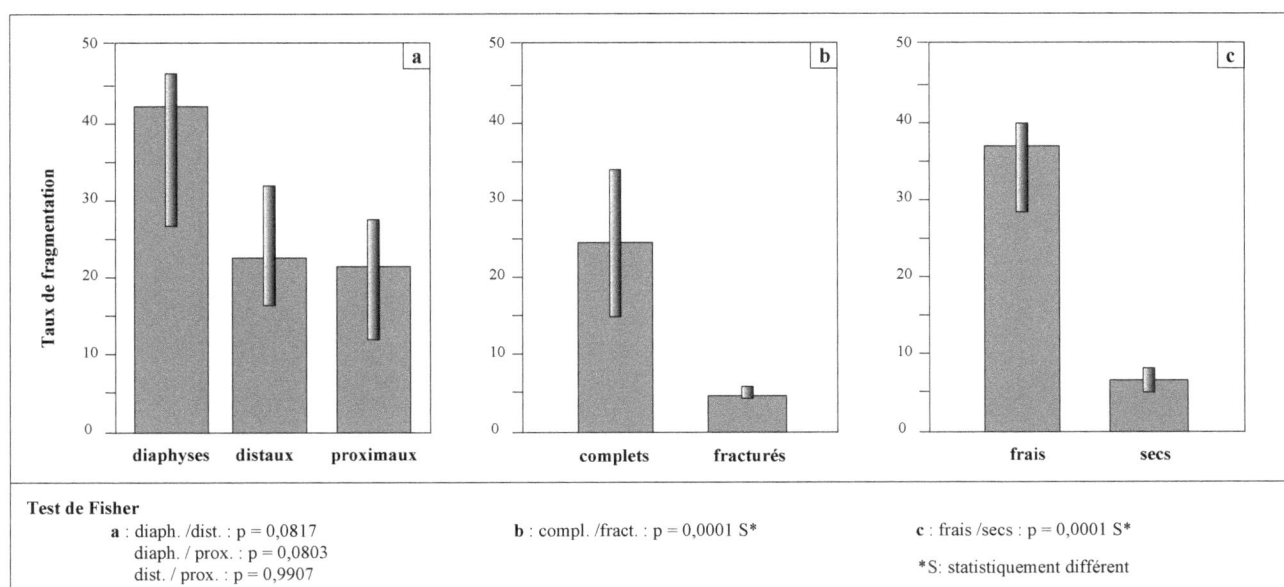

Test de Fisher
a : diaph. /dist. : p = 0,0817
   diaph. / prox. : p = 0,0803
   dist. / prox. : p = 0,9907

b : compl. /fract. : p = 0,0001 S*

c : frais /secs : p = 0,0001 S*

*S : statistiquement différent

Fig. 4.4. Effet des variables sur le taux de fragmentation des os lors de la combustion (Anova).

à leur taux d'humidité (fig. 4.4) (Costamagno *et al.*, 2005 ; Théry-Parisot *et al.*, 2004). Dans nos expériences, les séries dans lesquelles les os (ou portions) ont été brûlés entiers se caractérisent par des valeurs similaires : les éléments inférieurs à 2 cm représentent en moyenne 56 % des résidus dénombrés, attestant de cette intense fragmentation. Pour les assemblages archéologiques, ce pourcentage est calculé, comme pour les os spongieux, sur la base du nombre de restes brûlés et non sur le total des restes (fig. 4.2).

Le pourcentage d'os brûlés

Le pourcentage d'os brûlés au sein d'un assemblage osseux (nombre d'os brûlés/nombre total de restes*100) est certes une donnée à prendre en considération mais il ne peut s'agir d'une variable à part entière. En effet, cette valeur permet tout au plus de discuter de l'intensité d'une pratique mais en aucun cas de l'identifier. Par exemple, un niveau

d'occupation détruit en partie par un incendie présenterait un taux important de restes brûlés ; pour autant, nous ne saurions rien du type de combustion impliquée. Inversement, l'emploi occasionnel de combustible osseux serait masqué par un faible pourcentage de restes brûlés. Cette valeur n'est donc pas utilisée pour l'analyse statistique.

DES DONNÉES EXPÉRIMENTALES AUX DONNÉES ARCHÉOLOGIQUES

Ces trois pourcentages (os au moins carbonisés, os spongieux brûlés et os brûlés inférieurs à 2 cm) sont calculés pour des ensembles osseux issus de huit sites paléolithiques choisis pour la qualité des enregistrements du matériel osseux brûlé. Le pourcentage total d'os brûlés n'entre pas en compte dans le choix des sites puisque cette valeur permet de discuter de l'intensité d'une pratique mais non de l'identifier. Du point de vue chronoculturel, ils concernent la fin du Paléolithique

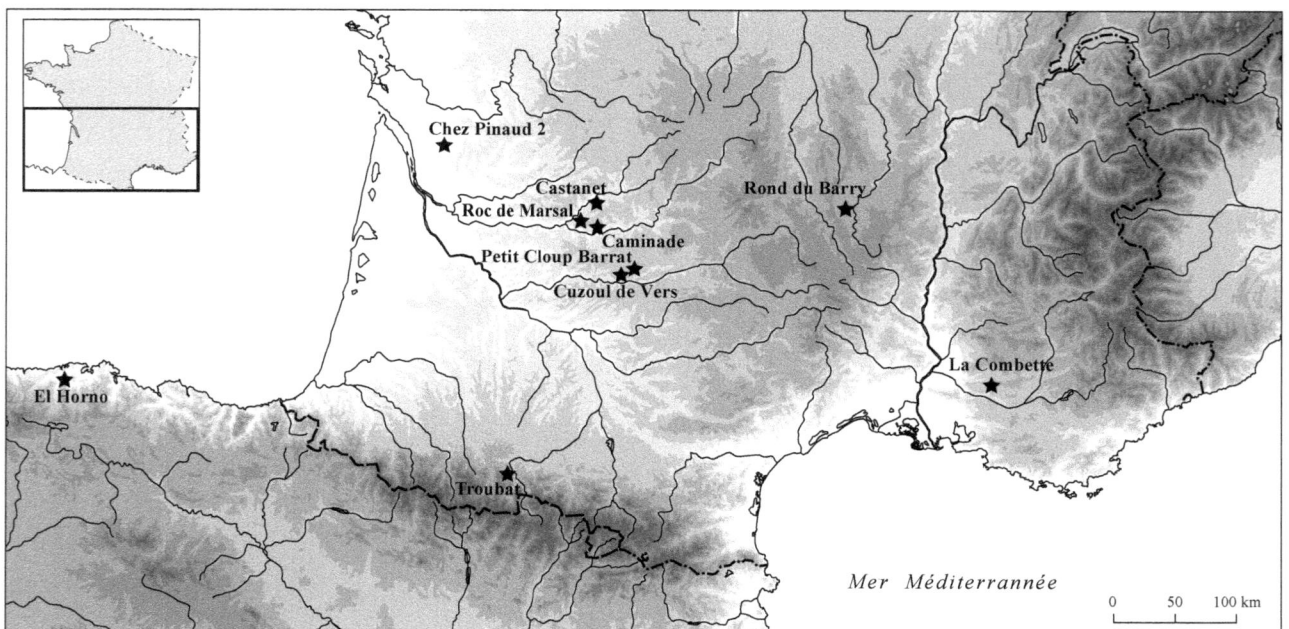

Fig. 4.5. Localisation des gisements présentés.

Gisements	Niveaux	État de conservation des ossements	Proie dominante	Échantillon analysé	Nombre de restes étudiés	Références bibliographiques
La Combette	F/G	variable	cheval, bouquetin	refus tamis	7 207	Texier *et al.*, 2005a, b
	E	variable	cerf, bouquetin	refus tamis	32 253	Brugal *in* Texier, 2002
Caminade	surface	mauvais (os brûlés seuls conservés)	taxons non identifiables	totalité	189	Costamagno *in* Bordes and Lenoble, 2000
	foyer	mauvais (os brûlés uniquement)	taxons non identifiables	totalité	6 181	
Castanet	A, B et C	bon	renne	totalité	48 202	Castel *in* Pelegrin and White, 1998 ; Théry-Parisot, 2001 ; Villa *et al.*, 2002
Chez Pinaud 2		mauvais (os brûlés uniquement)	taxons non identifiables	échantillon du foyer	244 280	Airvaux *et al.*, 2003
Le Cuzoul de Vers	23	très bon	renne	totalité	21 352	Castel, 1999, 2003 ; Clottes and Giraud, 1989, 1996 ; Clottes *et al.*, 1986
El Horno	2	bon	bouquetin	totalité	2 712	Costamagno and Fano, 2005
Le Rond-du-Barry	E	excellent	cheval	totalité	15 752	Bayle des Hermens, 1983 ; Costamagno, 1999
Troubat	F2	excellent	cheval	totalité	22 607	Barbaza, 1996 Costamagno, 2005 Fourment, 2000
	7a	excellent	cerf	totalité	18 373	
	8c	excellent	cerf/bouquetin	refus tamis	8 394	
	10	bon	bouquetin	refus tamis	1 296	
	11	bon	bouquetin	refus tamis	2 262	
	12	bon	bouquetin	refus tamis	2 301	
	13	bon	bouquetin	refus tamis	2 098	

Fig. 4.6. Informations sur les sites pris en compte.

moyen et le Paléolithique supérieur. Il s'agit d'un site moustérien, la Combette (Bonnieux, Vaucluse) ; de trois sites aurignaciens, l'abri Castanet (Sergeac, Dordogne), Chez Pinaud 2 (Jonzac, Charente-Maritime) et Caminade (La Caneda, Dordogne) ; et de quatre sites du Paléolithique supérieur récent : Cuzoul de Vers (Vers, Lot), le Rond-du-Barry (Polignac, Haute-Loire) ; Troubat (Troubat, Hautes-Pyrénées) et El Horno (Cantabrie, Espagne) (fig. 4.5 et 4.6).

Selon l'avancée des travaux, les décomptes sont basés soit sur l'ensemble des restes osseux, soit sur tout ou partie des restes indéterminés issus du tamisage (fig. 4.6 et 4.7) L'analyse menée en amont de l'étude montre que, du point de vue du nombre de restes, les résultats sont comparables que l'on prenne en compte les restes indéterminés seuls ou la totalité des vestiges fauniques (restes déterminés compris).

Ces huit gisements et leurs contenus constituent le support d'analyses multivariées qui contribuent à construire un modèle statistique analytique. Ce modèle est évolutif et sa validité est discutée en fin d'article ; il permet de proposer un regroupement des sites et des interprétations sur l'origine des restes osseux brûlés.

Sites	% spon-gieux brûlé	% os brûlés < 2 cm	% Carbo-nisés	% os brûlés
Caminade Foyer	13,08	94,84	99,70	98,70
Caminade Surface	5,49	73,17	100,00	86,77
Castanet	42,34	98,03	90,56	78,50
Chez Pinaud 2	52,91	99,98	78,37	100,00
Combette E	0,65	94,81	49,98	61,05
Combette F/G	7,36	81,58	55,21	64,22
Cuzoul 23	77,40	80,95	100,00	32,23
El Horno 2	23,98	62,33	33,56	21,53
Rond du Barry F2	14,56	16,73	88,03	3,62
Rond du Barry E	38,03	24,44	78,89	0,57
Troubat 7a	5,83	73,63	49,94	17,05
Troubat 8c	2,90	93,07	63,79	7,73
Troubat 10	30,43	72,73	52,27	3,40
Troubat 11	21,84	83,28	77,91	14,81
Troubat 12	23,19	95,30	87,69	31,42
Troubat 13	34,93	85,71	81,26	25,69
Pt Cp Barrat Bad.	88,78	97,96	97,14	9,90
Pt Cp Barrat Sol.	37,22	96,21	95,5	23,50
Roc de Marsal 4	22,22	95,56	73,33	0,9
Sibulu AB 1	5,00	76,31	72,59	98,17
Sibulu AB 2	5,00	85,97	91,54	99,23
Sibulu Ash1	5,00	91,85	86,44	98,26
Sibulu Ash2	5,00	95,53	83,22	100,00
Sibulu D1	5,00	81,57	92,25	98,90
Sibulu D2	5,00	77,94	97,00	98,83
Sibulu D3	5,00	81,18	95,27	99,66
Sibulu H1	5,00	94,81	58,18	99,45
Sibulu H2	5,00	77,86	97,03	100,00
Sibulu H3	5,00	94,14	74,56	97,93
Sibulu H4	5,00	79,79	86,61	97,90
Sibulu H6	5,00	33,34	81,39	94,36
Sibulu P1	5,00	82,55	94,54	98,82
Sibulu P2	5,00	48,09	95,38	99,58

Fig. 4.7. Indices calculés pour les différents ensembles osseux.

L'analyse en composantes principales (ACP)

L'analyse multivariée (logiciel xlstat, addin-soft) a été effectuée dans le but de discriminer les sites dans lesquels l'os était effectivement employé comme combustible de ceux dans lesquels la chauffe était accidentelle (cuisson de la viande, entretien du camp ou bien encore proximité du foyer). Les individus correspondent aux ensembles archéologiques présentés ci-dessus, chaque site pouvant être représenté par plusieurs niveaux d'occupation. Pour des raisons de lisibilité, le Cuzoul de

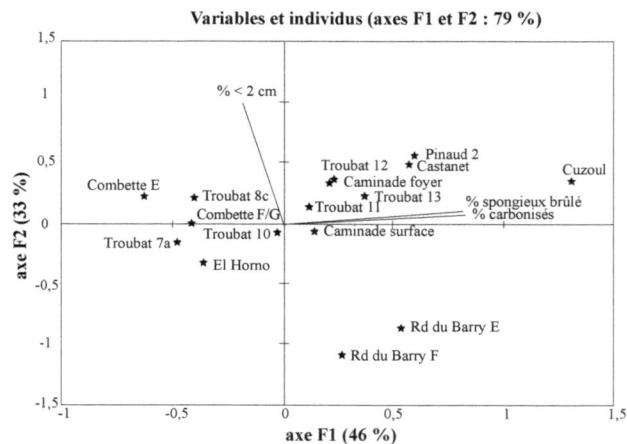

Fig. 4.8. Analyse en composante principale, axes 1 et 2.

Vers est placé en individu supplémentaire, car les indices obtenus présentent des valeurs très élevées qui masquent les informations relatives aux autres gisements.

L'axe F1 représente 46 % de la variabilité totale (fig. 4.8). Les variables qui contribuent significativement à la formation de cet axe sont les pourcentages d'os spongieux brûlés et d'os au moins carbonisés. Les assemblages qui présentent la plus forte contribution sont, dans sa partie positive, Chez Pinaud 2 et Castanet, caractérisés par de forts pourcentages en os au moins carbonisés et en fragments d'os spongieux brûlés et, dans sa partie négative, la Combette E.

L'axe F2 (33 % de la variabilité totale) est essentiellement formé par le pourcentage d'os brûlés inférieurs à 2 cm. Dans la partie positive, Chez Pinaud 2 et Castanet s'opposent au Rond-du-Barry F2 et E qui contiennent très peu de fragments inférieurs à 2 cm.

Enfin, sur l'axe F3 (21 % de la variabilité totale), les variables dont les contributions sont les plus fortes sont le pourcentage d'os au moins carbonisés

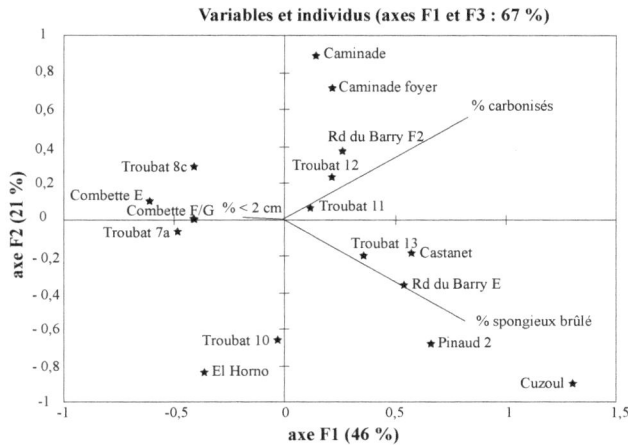

Fig. 4.9. Analyse en composante principale, axes 1 et 3.

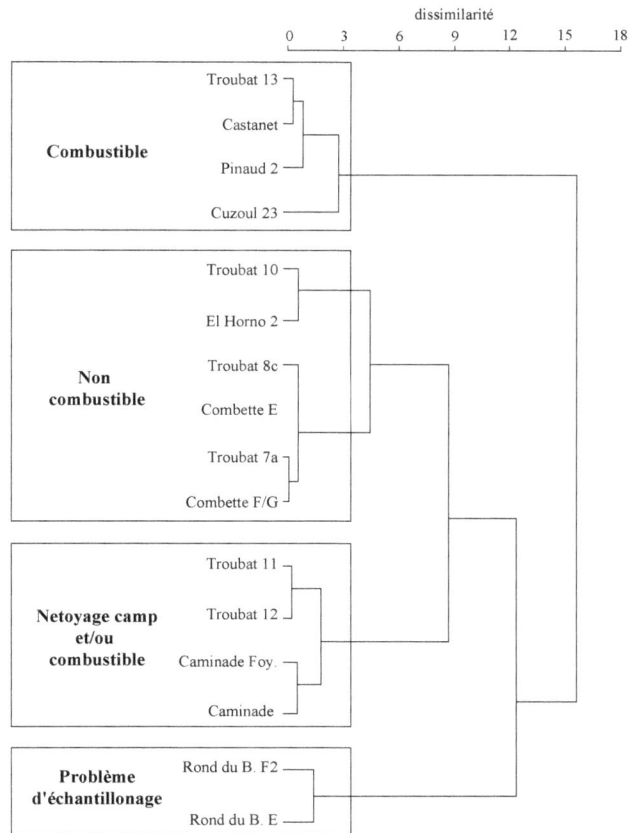

Fig. 4.10. Classification ascendente hiérarchique.

et le pourcentage d'os spongieux brûlés. Ces deux variables s'opposent et discriminent trois groupes de sites (fig. 4.9) :

- les ensembles qui comportent beaucoup d'os au moins carbonisés et peu d'os spongieux brûlés (Caminade surface et foyer) ;
- les ensembles qui présentent des fréquences importantes d'os spongieux brûlés et d'os au moins carbonisés (Chez Pinaud 2) ;
- les ensembles qui se caractérisent par une faible combustion et un pourcentage d'os spongieux brûlés non négligeable (El Horno 2).

Selon la position respective des sites dans l'espace factoriel, complété par les résultats de la classification ascendante hiérarchique réalisée à partir des coordonnées des individus de l'ACP, les assemblages osseux peuvent être classés en quatre classes. Les trois premières correspondent aux sites pour lesquels l'analyse nous permet de proposer une interprétation sur l'origine des assemblages brûlés (fig. 4.10).

La première classe est composée des ensembles de Castanet, Chez Pinaud 2, Troubat 13 et Cuzoul de Vers 23 qui se caractérisent par une intense fragmentation (plus de 80 % des restes inférieurs à 2 cm), un fort pourcentage d'os au moins carbonisés (de 81 à 100 %) et un pourcentage relativement élevé d'os spongieux brûlés (de 34 à 77 %). D'après nos expériences, ce sont les valeurs que l'on peut attendre dans les sites où l'os a servi de combustible, confirmant ainsi les interprétations déjà émises pour certains de ces gisements (Airvaux *et al.*, 2003 ; Castel, 1999 ; 2003 ; Théry-Parisot, 1998).

La deuxième classe est composée de deux sous-ensembles. Le premier comprend les assemblages de la Combette E et FG, Troubat 7a et 8c. Ces quatre ensembles présentent une intense fragmentation, un faible pourcentage d'os spongieux brûlés (moins de 7 %) et des pourcentages d'os au moins carbonisés nettement plus faibles que les ensembles précédents (moins de 60 %). Le second sous ensemble est constitué de Troubat 10 et El Horno 2 qui se distinguent des assemblages précédents par un pourcentage d'os spongieux plus élevé. Dans le premier groupe, les ossements ont probablement été brûlés accidentellement au contact de foyers proches. Dans le second sous-ensemble, El Horno 2 se distingue par un faible pourcentage d'os au moins carbonisés (33 %). Cette faible combustion va de pair avec une faible intensité de fragmentation (62 %). D'après les études archéozoologiques menées sur ce gisement, la combustion des ossements apparaît liée à la cuisson des aliments (Costamagno, Fano, 2005). En effet, près de 80 % des extrémités d'os longs présentent des traces de combustion très légères qui peuvent être mises en relation avec le rôtissage. Pour l'ensemble de ces assemblages, l'hypothèse de l'utilisation de l'os comme combustible peut donc être rejetée.

La troisième classe comprend les ensembles osseux de Caminade foyer et surface qui se caractérisent par de forts pourcentages d'os au moins carbonisés et de fragmentation mais un très faible pourcentage d'os spongieux brûlés. L'intense combustion des ossements de Caminade semble indiquer que, contrairement à la Combette où la plupart des os ont été brûlés accidentellement, les ossements ont été intentionnellement brûlés sans choix préférentiel des portions combustibles. Il semble, dans ce cas, difficile de faire la part entre une combustion liée à l'entretien du camp et une combustion liée à une utilisation réellement intentionnelle de l'os comme combustible. Cette distinction n'a d'ailleurs probablement pas lieu d'être faites, comme le signale C. Perlès : « [...] tout os jeté dans un foyer allumé devient automa-

tiquement du combustible, que ce soit là ou non la raison première de sa présence dans le foyer ». (Perlès, 1977, p. 46).

Au sein de cette classe se distinguent les niveaux 11 et 12 de Troubat. Ils sont proches des assemblages précédents sur les axes F1 et F2, mais ils possèdent des pourcentages d'os spongieux plus élevés qui pourraient témoigner d'une combustion préférentielle occasionnelle de ces portions.

Enfin, la quatrième classe comporte les assemblages du Rond-du-Barry F2 et E. Tous deux se distinguent des autres ensembles par des pourcentages d'os inférieurs à 2 cm très faibles (moins de 25 %). D'après l'étude taphonomique, la sous-représentation de ces vestiges est liée aux méthodes de fouilles mises en œuvre sur le site (Costamagno, 1999).

L'analyse factorielle discriminante (AFD)

L'analyse en composante principale et la Classification ascendante hiérarchique permettent de grouper les assemblages fauniques en trois[1] classes : « combustible »[2], « non combustible »[3] et « combustible et/ou entretien »[4]. L'objectif est d'établir un modèle transposable, de manière simple et rapide, à l'étude d'autres sites dès lors que la base de données sur les os brûlés est formatée telle que

1. La quatrième classe composée du Rond-du-Barry F2 et E, qui ne renvoie pas à l'origine de la combustion mais aux méthodes de fouille, n'est pas prise en compte dans l'analyse factorielle discriminante.

2. Combustion intentionnelle des ossements avec utilisation préférentielle des portions spongieuses.

3. Combustion accidentelle à proximité des foyers, incendie ou cuisson alimentaire.

4. Combustion intentionnelle des ossements sans choix en faveur des portions spongieuses.

Individu	A priori	A posteriori	Probabilité combustible	Probabilité combustible et/ou entretien	Probabilité non combustible
Castanet	combustible	combustible	0,973	0,027	0,000
Chez Pinaud 2	combustible	combustible	0,999	0,001	0,000
Cuzoul 23	combustible	combustible	1,000	0,000	0,000
Troubat 13	combustible	combustible	0,527	0,469	0,004
Troubat 11	combustible et/ou entretien	combustible et/ou entretien	0,030	0,913	0,057
Troubat 12	combustible et/ou entretien	combustible et/ou entretien	0,175	0,824	0,001
Caminade Foyer	combustible et/ou entretien	combustible et/ou entretien	0,009	0,991	0,000
Caminade Surface	combustible et/ou entretien	combustible et/ou entretien	0,000	1,000	0,000
El Horno 2	non combustible	non combustible	0,000	0,000	1,000
Troubat 7a	non combustible	non combustible	0,000	0,000	1,000
Troubat 8c	non combustible	non combustible	0,000	0,019	0,981
Troubat 10	non combustible	non combustible	0,000	0,001	0,999
Combette E	non combustible	non combustible	0,000	0,000	1,000
Combette F/G	non combustible	non combustible	0,000	0,001	0,999

Fig. 4.11. Probabilités d'appartenance des groupes.

précédemment décrite (calcul des trois indices). L'AFD permet de calculer la probabilité d'appartenance d'un ensemble osseux brûlé à une des trois classes et aussi de déterminer le groupe d'appartenance le plus probable pour d'autres assemblages archéologiques dont on connaît la valeur des indices proposés (logiciel Xlstat, Addinsoft).

L'AFD montre que la différence entre les groupes est significative (test de Lambda de Wilks $p < 0,0001$) et que le classement *a priori* des sites, établi sur la base de nos observations et de l'interprétation de l'ACP, est conforme au classement dit *a posteriori* fondé sur le calcul de la probabilité d'appartenance, les coordonnées des individus et le carré des distances au barycentre (fig. 4.11). Néanmoins, la probabilité d'appartenance du niveau 13 de Troubat au groupe combustible n'est que 0,527 pour 0,469 au groupe « combustible et/ou entretien » ; cet ensemble ne sera pas retenu dans le modèle final. Ainsi ajusté, le classement de nos sites en trois groupes constitue un modèle fiable directement transposable à l'étude d'autres gisements.

À partir du modèle proposé, nous avons classé de nouveaux ensembles archéologiques : les niveaux solutréen et badegoulien du Petit Cloup Barrat dans le Lot, la couche 4 du Roc de Marsal en Dordogne (Moustérien) ainsi que Sibidu Cave (Middle Stone Age) en Afrique du Sud qui comprend 14 niveaux caractérisés par une forte proportion d'os brûlés. Pour ce gisement, l'auteur ne signale pas le nombre d'os spongieux brûlés mais indique qu'ils sont très peu représentés dans ce site (Cain, 2005). Nous avons donc attribué une valeur de 5 % qui correspond à la fréquence des os spongieux brûlés dans les sites ou il est peu représenté. Ces sites injectés comme individus supplémentaires ont été classés dans le groupe pour lequel la probabilité d'appartenance est maximale (fig. 4.12 et 4.13).

Les niveaux du Petit Cloup Barrat se classent dans le groupe « combustible » avec une probabilité d'appartenance de 1 pour la couche badegoulienne et de 0,852 pour le Solutréen. Deux ensembles sont classés dans le groupe « non combustible » :

Individu	Groupe	Probabilité combustible	Probabilité combustible et/ou entretien	Probabilité non combustible
pt cloup Badegoulien	combustible	1,000	0,000	0,000
pt cloup solutréen	combustible	0,852	0,148	0,000
Sibulu H2	combustible et/ou entretien	0,000	1,000	0,000
Sibulu H3	combustible/entretien	0,002	0,634	0,364
Sibulu H4	combustible/entretien	0,000	0,996	0,004
Sibulu Ash1	combustible/entretien	0,001	0,994	0,005
Sibulu Ash2	combustible/entretien	0,003	0,981	0,017
Sibulu P1	combustible/entretien	0,000	1,000	0,000
Sibulu P2	combustible/entretien	0,000	1,000	0,000
Sibulu D1	combustible/entretien	0,000	0,999	0,001
Sibulu D2	combustible/entretien	0,000	1,000	0,000
Sibulu D3	combustible/entretien	0,000	1,000	0,000
Roc de marsal	combustible/entretien	0,196	0,573	0,231
Sibulu AB 2	combustible/entretien	0,000	0,999	0,001
Sibulu H1	non combustible	0,000	0,002	0,998
Sibulu AB 1	non combustible	0,000	0,447	0,553

Fig. 4.12. Classement, probabilités d'appartenance des individus supplémentaires.

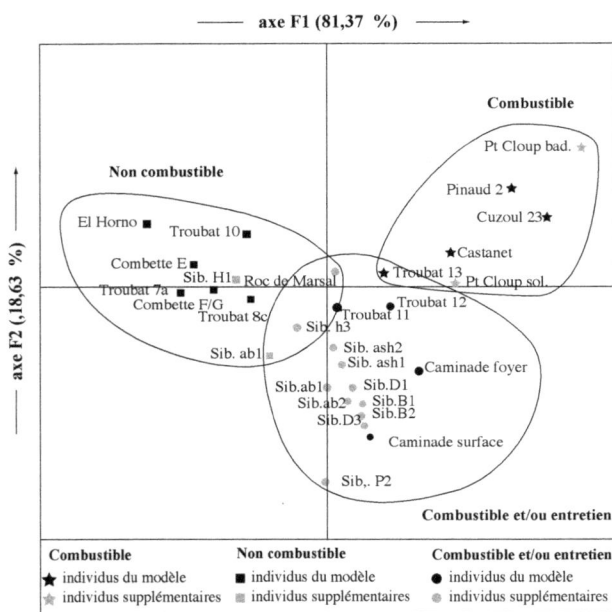

Fig. 4.13. Analyse factorielle discriminante.

les niveaux H1 (p = 0,998) et AB1 (p = 0,553) de Sibidu Cave. Toutes les autres lentilles de Sibidu Cave ainsi que le Roc-de-Marsal (p = 0,573) se retrouvent dans la troisième classe, c'est-à-dire une combustion intentionnelle des ossements sans choix en faveur des portions spongieuses (classe « combustible et/ou entretien »).

Selon Cain (2005, p. 882), les os brûlés de Sibidu Cave résulteraient de l'entretien du camp : « *I believe the bone was burned for disposal to make it less odorous or unattractive to carnivores* ». L'Analyse factorielle discriminante semble confirmer cette hypothèse puisque toutes les lentilles de Sibidu, à l'exception de H1, se rangent dans la classe « combustible et/ou entretien »[5]. Le niveau H1, qui se caractérise par des pourcentages d'os au moins carbonisés relativement bas, se classe dans le groupe « non combustible ». Dans cette lentille, plus de 40 % des vestiges ne sont que très partiellement brûlés (code 1) et la combustion pourrait résulter de deux processus : une combustion accidentelle de certains ossements en périphérie des foyers et une combustion intentionnelle des autres fragments osseux probablement pour l'hygiène puisqu'il n'y a pas de choix préférentiel en faveur des portions spongieuses.

_____

5. La lentille AB1 se caractérise par des probabilités d'appartenance aux classes « non combustible » et « combustible et/ou entretien » très proches qui ne permettent pas d'inférer une origine précise des ossements brûlés de ce niveau.

Au Petit Cloup Barrat, la fouille a encore une extension très limitée. Toutefois une analyse détaillée du matériel faunique du niveau Badegoulien (2800 restes décomptés ; Castel, 2005) indique une très forte représentation des petits fragments : si l'on exclut les pièces inférieures à 10 mm, les fragments compris entre 10 à 40 mm constituent 90 % du matériel récolté dont 68 % sont inférieurs à 20 mm de longueur. Ces petits fragments sont souvent brûlés (17 % des fragments inférieurs à 40 mm) et, dans cette catégorie, les os spongieux ou de type « côtes » dominent très largement (91 % des fragments de 10 à 20 mm). Au contraire, les fragments de plus de 20 mm sont très rarement brûlés et les fragments de diaphyses dominent très largement l'assemblage. Cette dichotomie os spongieux brûlé/os compact (diaphyse) non brûlé ne semble pouvoir s'expliquer que par des choix anthropiques, confortant l'attribution de cet assemblage à la classe « combustible ».

L'ensemble solutréen du Petit Cloup Barrat (1 700 vestiges décomptés) présente des caractéristiques sensiblement différentes. La répartition des vestiges par classe dimensionnelle est semblable (97 % des plus de 10 mm ont moins de 40 mm de longueur et 79 % pour la seule classe 10 à 20 mm). La proportion d'os brûlés est plus importante que dans le Badegoulien (27 % des fragments inférieurs à 40 mm) mais il y a beaucoup moins de fragments spongieux dans cette catégorie (50 % des fragments de 10 à 20 mm dans la moitié supérieure du niveau et 24 % dans la moitié inférieure). Sans le classement de l'AFD, nous aurions plutôt interprété cet échantillon de restes osseux brûlés comme le résultat d'une combustion intentionnelle sans choix en faveur des portions spongieuses.

Les premières analyses de la faune issue des nouvelles fouilles du Roc-de-Marsal (plus de 4 000 restes décomptés ; Castel *in* Sangathe, 2005) indiquent, pour la couche 4, une grande fréquence des fragments inférieurs à 2 cm de longueur ; toutefois les pièces inférieures à 1 cm sont relativement peu représentées parmi les fragments analysés. Les os brûlés sont rares. Indépendamment de la combustion, l'os compact domine largement l'assemblage quelle que soit la longueur des fragments. Le classement, par l'AFD, de la couche 4 du Roc-de-Marsal dans la classe « combustible et/ou entretien » ne constitue donc qu'une première indication qui devra être confrontée aux résultats d'une étude plus détaillée du matériel osseux permettant, notamment, d'appréhender les causes de la rareté des fragments inférieurs à 1 cm dans l'assemblage.

DISCUSSION

Pourquoi un modèle basé sur les données archéologiques et non expérimentales ?

On peut s'interroger sur la validité d'un modèle basé sur l'interprétation de certains ensembles archéologiques et non sur les résultats expérimentaux bruts. Pourquoi avoir opéré ce choix ?

1) Tout d'abord, parce que les expériences réalisées ne permettent pas de documenter la variabilité des situations archéologiques. Les protocoles mis en œuvre visaient, en effet, à évaluer la combustibilité des os selon leur état. Ces expériences, pour la

plupart, illustrent donc l'utilisation de l'os comme combustible. Si les séries de diaphyses fragmentées sans moelle – l'os compact n'étant pas combustible – peuvent être rapprochées d'une combustion des ossements à des fins d'entretien, en revanche, les données concernant une combustion accidentelle (proximité de foyers) ainsi qu'un chauffage en relation avec la cuisson de la viande font défaut.

2) Deuxièmement, les données expérimentales relatives aux deux cas documentés (combustible ou entretien) sont difficilement transposables à l'archéologie, en raison des protocoles utilisés qui limitent la variabilité des types de combustible mais également le degré de fragmentation des ossements. Ainsi, dans nos expériences, le pourcentage d'os spongieux est soit très fort, soit presque nul. De plus, l'intensité de la fragmentation est relativement faible par rapport aux sites archéologiques, notamment en raison de l'absence de combustions successives.

3) Enfin, les processus taphonomiques qui peuvent affecter les ossements après leur combustion ne sont pas pris en compte dans nos expériences qui se sont limitées à la seule description des mécanismes spécifiques à la combustion. Ainsi, pour que les données puissent définir un modèle, il faudrait les compléter afin d'évaluer toute une série de biais taphonomiques susceptibles de modifier les trois indices de référence. Cependant, les processus taphonomiques pouvant entrer en jeu dans la conservation différentielle des os brûlés sont complexes et il sera toujours très délicat d'ériger en modèle des résultats expérimentaux quelle que soit la finesse des analyses. C'est pourquoi la prise en compte de sites archéologiques dont les causes de combustion sont peu sujettes à caution en regard des trois indices retenus apparaît comme une bonne alternative permettant de créer un modèle applicable aux séries d'ossements brûlés.

Applicabilité du modèle aux sites archéologiques

Une discussion sur la validité des valeurs de chaque indice est nécessaire avant de formuler des hypothèses sur l'origine d'ossements brûlés dans un niveau d'occupation. Une récolte exhaustive du matériel osseux est un pré-requis indispensable comme en témoignent les assemblages osseux du Rond-du-Barry. Le tissu spongieux brûlé est particulièrement sensible aux processus taphonomiques pré et post-enfouissement (e.g. Castel, 1999 ; Gerbe, 2004 ; Thiébaut et al., sous presse). En contexte archéologique, ce pourcentage est donc le plus souvent sous-estimé par rapport à la quantité initialement présente. Il en résulte que les forts taux d'os spongieux brûlés enregistrés sur certains sites sont bien le fait d'une combustion intentionnelle et non d'un biais taphonomique. En revanche, sur les sites pour lesquels la prépondérance des portions spongieuses brûlées n'est pas flagrante, une combustion préférentielle de ces portions peut être masquée en raison de leur destruction. La réflexion doit donc s'appuyer sur la reconnaissance des processus taphonomiques susceptibles d'influer sur la préservation des ossements brûlés. Les études expérimentales en cours devraient permettre à terme de mieux appréhender les différents facteurs et leur impact sur la conservation différentielle des pièces brûlées selon le type de tissu osseux mais également l'intensité de la combustion et le degré de fragmentation.

Identifier l'origine de la combustion des ossements ne suffit pas

Le modèle proposé permet de préciser les causes de la combustion des ossements et d'identifier les sites dans lesquels il s'agit sans équivoque de combustible. Pour autant, ces données ne suffisent pas pour appréhender les réelles motivations qui doivent être confrontées à l'ensemble des informations fournies par un site, au niveau fonctionnel, structurel comme environnemental.

Cette exploitation de l'os comme matière première est souvent mise en parallèle avec une pénurie de bois dans l'environnement mais cette hypothèse est difficile à admettre puisque l'usage de l'os semble attesté dans de nombreux sites paléolithiques ou mésolithiques, indépendamment du taux de boisement (Théry-Parisot, 2002b).

Le combustible osseux est peu polyvalent et, moins disponible que le bois, y compris dans un milieu très ouvert. Dans les sites de type camp résidentiel, où les besoins énergétiques sont importants et diversifiés, l'os ne peut constituer l'essentiel du combustible et son emploi ne peut être que concomitant à celui d'autres matériaux, aux propriétés plus polyvalentes ou complémentaires (Théry-Parisot, Costamagno, 2005). L'emploi d'os pouvait être associé à certaines activités spécialisées qui nécessitent la présence de flammes, comme l'éclairage par exemple, tout en constituant un moyen avantageux d'éliminer les résidus de l'alimentation. À l'inverse, dans les sites d'occupation plus courte, son utilisation peut constituer une réponse plus immédiate que le bois d'abattage et moins contraignante, en terme d'acquisition, que le bois de ramassage, d'autant

plus que le milieu est pauvre en taxons ligneux ou selon la saison, lorsque le bois mort est sous la neige par exemple. De faibles besoins énergétiques peuvent ainsi être satisfaits en quasi-totalité par l'emploi des ossements. Bien entendu, même dans ces sites temporaires, l'exploitation de différents combustibles pouvait être nécessaire selon le type d'activités réalisées. De fait, une utilisation prépondérante ou marginale des combustibles osseux, venant compléter celle du bois n'a pas les mêmes implications archéologiques (Théry-Parisot, Costamagno, 2005).

Il est donc important d'évaluer la part des os brûlés au sein des ensembles osseux et leur pourcentage relativement au nombre de restes total est une première indication. Sous réserve d'un problème de conservation différentielle des os non brûlés comme à Chez Pinaud 2, plus les pourcentages sont forts, plus l'utilisation de l'os comme combustible est susceptible d'être quantitativement importante. Au sein d'assemblages osseux dans lesquels l'os a servi de combustible (Troubat 13, Cuzoul de Vers 23, niveau solutréen du Petit Cloup Barrat), les fréquences sont relativement similaires (respectivement 25,7, 32,2 et 23,5 %). Le pourcentage d'os brûlés à Castanet (78,5 %) est nettement plus fort que dans les trois ensembles précédents. Dans ce gisement, la fraction osseuse brûlée décroît en fonction de la dimension des fragments : près de 90 % des pièces inférieures à 5 mm sont brûlées, ce pourcentage n'étant que de 36,7 pour les restes supérieurs à 10 mm. Or, parmi les sites pris en compte, Castanet est le seul gisement pour lequel les pièces inférieures à 5 mm sont présentes en très large quantité. Le pourcentage très élevé de fragments brûlés pourrait donc être lié à cette abondance. Si l'on exclut ces fragments des décomptes, la fréquence des pièces brûlées reste, cependant, de 61 % ce qui témoigne bien de l'intensité de cette pratique lors des installations aurignaciennes. À l'inverse, la couche badegoulienne du Petit Cloup Barrat pourrait signaler une utilisation beaucoup plus sporadique du combustible osseux (9,8 % d'os brûlés pour les fragments de 10 à 40 mm).

CONCLUSIONS

Les expériences menées sur l'utilisation de l'os comme combustible (Costamagno *et al.*, 2005; Théry-Parisot *et al.*, 2004; Théry-Parisot, Costamagno, 2005; Théry-Parisot *et al.*, 2005) permettent de proposer trois indices qui, appliquées aux archéofaunes, sont susceptibles de discriminer l'origine des vestiges osseux brûlés. Le modèle proposé pour l'interprétation des ensembles osseux brûlés n'est toutefois qu'une première approche, largement diachronique. D'autres indicateurs pourraient être développés, directement liés aux vestiges fauniques mais également contextuels et taphonomiques. En effet, les classes définies sur ces trois indices ne rendent pas compte de l'ensemble des processus agissant en amont comme à l'aval dans la représentativité de ces vestiges. Par exemple, au sein de la catégorie non combustible, le modèle ne permet pas, pour l'instant, de différencier les ensembles pour lesquels la combustion est accidentelle, donc liée à la proximité des foyers, de ceux pour lesquels la cuisson est due au rôtissage

par exemple. L'augmentation des exemples archéologiques ethnographiques et expérimentaux devrait permettre d'affiner le modèle, avec notamment la discrimination de nouvelles classes plus précises. L'objectif final de notre d'approche est de mettre en évidence, au cas par cas, des pratiques de gestion des combustibles et d'évaluer leur relation avec la mobilité des groupes, la fonction des sites, la saisonnalité, voire de dégager des spécificités (alimentaire, technique, utilitaire, rituelle, etc.) propres aux différentes sociétés de chasseurs-collecteurs du Paléolithique et du Mésolithique.

Remerciements

Ce programme « Économie des combustibles au Paléolithique » a été financé conjointement par le Ministère de la Recherche (ACI jeunes chercheurs), le CNRS (APN jeunes chercheurs) et l'Université de Nice Sophia Antipolis. Nous tenons à remercier l'ensemble des archéologues qui, par leur fouille, ont rendu possible l'étude du matériel osseux: J. Airvaux, M. Barbaza, R. de Bayle des Hermens, J. G. Bordes, J. Clottes, H. Dibble, M. Fano, J.-P. Giraud, A. Lenoble, J. Pelegrin, S. Mac Pherron, D. Sangathe, P.-J. Texier, A. Turq, R. White. Merci à P. Fosse et surtout à R. Guilbert pour leur aide dans la conduite des expériences. Merci à cette dernière à M. Gerbe et à A. Henry pour le décompte des ossements issus des refus de tamis de la Combette et à K. Debue et D. Kuntz pour le décompte des os de Troubat. Merci à L. Bouby pour ses conseils concernant les analyses multivariées.

BIBLIOGRAPHIE

AIRVAUX, J. ; BERTHET, A.-L. ; CASTEL, J.-C. (2003) – Le gisement de Chez Pinaud 2 à Jonzac, Charente-Maritime. *Préhistoire du Sud-Ouest*. 10, 1, p. 25-75.

BARBAZA, M. (1996) – Le Magdalénien supérieur final et l'Azilien dans les Pyrénées centrales. La grotte-abri du Moulin à Troubat (Hautes-Pyrénées). In Delporte, H. ; Clottes, J. eds. – *Pyrénées préhistoriques. Arts et sociétés*. Actes du 118ᵉ Congrès National des sociétés historiques et scientifiques (Pau, 1993). Paris : CTHS, p. 311-326.

BAYLE DES HERMENS DE, R. (1983) – La grotte du Rond-du-Barry. *Archeologia*. 182, p. 48-62.

BENNETT, J. L. (1999) – Thermal alteration of buried bone. *Journal of Archaeological Science*. 26, p. 1-8.

BOMBAIL, C. (1987) – *Les structures de combustion de trois niveaux du périgordien supérieur de l'abri du Flageolet I (Bézenac, Dordogne)*. In OLIVE, M. ; TABORIN, Y. eds. – *Nature et Fonction des Foyers Préhistoriques*. Actes du colloque international de Nemours 1987, Paris : Mémoire 2 du musée de Préhistoire d'Île-de-France. p. 147-154

BON, F. ; GAMBIER, D. ; FERRIER, C. ; GARDÈRE, P. (1998) – Gisement de Brassempouy (Landes) : les recherches de 1995 à 1997, bilan et perspectives. *Bulletin de la Société de Borda*. 449, p. 203-222.

BORDES, J.-G. ; LE BRUN-RICALENS, F. ; CASTEL, J.-C. ; MORIN, E. ; FERUGLIO, V. ; SCHMIDT, C. ; TARTAR, É. ; TEXIER, J.-P. ; LENOBLE, A. (2005) – *Le gisement du Piage, Fajoles, Lot. Rapport de fouille programmée*. Service Régional de l'Archéologie Midi-Pyrénées.

BORDES, J.-G. ; LENOBLE, A. (2000) – *Caminade (Sarlat, Dordogne). Rapport de fouille programmée*. Service Régional de l'Archéologie Aquitaine.

BRAIN, C. K. (1981) – *The Hunters or the Hunted ? An Introduction to African Cave Taphonomy*. Chicago : University of Chicago Press, 365 p.

BRAIN, C. K. ; SILLEN, A. (1988) – Evidence from the Swartkrans cave for the earliest use of fire. *Nature*. 336, p. 464-466.

CAIN, C. R. (2005) – Using burned animal bone to look at Middle Stone Age occupation and behavior. *Journal of Archaeological Science*. 32, 6, p. 873-884.

CASTEL, J.-C. (1999) – *Comportements de subsistance au Solutréen et au Badegoulien d'après les faunes de Combe-Saunière (Dordogne) et du Cuzoul de Vers (Lot)*. Thèse de doctorat. Bordeaux : Université Bordeaux I. 619 p.

CASTEL, J.-C. (2003) – Économie de chasse et d'exploitation de l'animal au Cuzoul de Vers (Lot) au Solutréen et au Badegoulien. *Bulletin de la Société préhistorique française*. 100, 1, p. 41-66.

CASTEL, J.-C. ; CHAUVIÈRE, F.-X. ; L'HOMME, X. ; CAMUS, H. ; DAULNY, L. ; DEFOIS, B. ; DUCASSE, S. ; LANGLAIS, M. ; MANCEL, D. ; MORALA, A. ; RENARD, C. ; TURQ, A. (2005) – *Petit Cloup Barrat, Cabrerets, Lot (46). Rapport de fouille programmée*. Service Régional de l'Archéologie Midi-Pyrénées.

CHAMPAGNE, F. ; ESPITALIÉ, R. (1981) – *Le Piage, site préhistorique du Lot*. Paris : Société Préhistorique Française, Mémoire. 15, 205 p.

CHASE, P. G. (1999) – Bison in the context of complex utilization of faunal resources : a preliminary report on the mousterian zooarchaeology of La Quina (France). In BRUGAL, J.-P. ; DAVID, F. ; ENLOE, J. G. ; JAUBERT, J., eds. – *Le Bison : gibier et moyen de subsistance des hommes du Paléolithique aux Paléoindiens des grandes plaines*. Actes du Colloque international (Toulouse, 1995), Antibes : APCDA, p. 159-184.

CLOTTES, J. ; GIRAUD, J.-P. (1989) – Les foyers solutréens de l'Abri du Cuzoul à Vers (Lot). In OLIVE, M. ; TABORIN, Y. eds. – *Nature et Fonction des Foyers Préhistoriques*. Actes du colloque international de Nemours 1987, Paris : Mémoire 2 du musée de Préhistoire d'Île-de-France. p. 155-163.

CLOTTES, J. ; GIRAUD, J.-P. (1996) – Solutréens et Badegouliens au Cuzoul de Vers (Lot). In *La vie préhistorique*. Dijon : Faton, Paris : Société Préhistorique Française. p. 256-261.

CLOTTES, J. ; GIRAUD, J.-P. ; SERVELLE, C. (1986) – Un galet gravé badegoulien à Vers (Lot). In *Estudios en Homenaje al Dr. Antonio Beltran Martinez*. Zaragoza : Universidad de Zaragoza. p. 61-84.

COSTAMAGNO, S. (1999) – *Stratégies de chasse et fonction des sites au Magdalénien dans le sud de la France*. Thèse de doctorat. Bordeaux : Université de Bordeaux I. 2 t., 495 p.

COSTAMAGNO, S. (2000) – Stratégies d'approvisionnement et traitement des carcasses au Magdalénien: l'exemple de Moulin-Neuf (Gironde). *Paléo.* 12, p. 77-95.

COSTAMAGNO, S. (2005) – Mobilité, territoires de chasse et ressources animales au Magdalénien final en contexte pyrénéen: le niveau 7a de la grotte-abri du Moulin (Troubat, Hautes-Pyrénées). In JAUBERT, J.; BARBAZA, M. (éd.) – *Territoires, dépalements, mobilités, échanges durant la préhistoire. Terre et hommes du sud.* Actes du 126ᵉ congrès national des sociétés historiques et scientifiques (Toulouse, avril 2001). Paris: CTHS. p. 371-384.

COSTAMAGNO, S. (sous presse) – Stratégies de chasse et exploitation des grands Mammifères par les groupes aurignaciens d'Isturitz. *Paléo.* numéro spécial.

COSTAMAGNO, S.; FANO, M. (2005) – Pratiques cynégétiques et exploitation des ressources animales dans les niveaux du Magdalénien supérieur-final de El Horno (Ramales, Cantabrie, Espagne). *Paleo.* 17, p. 31-56.

COSTAMAGNO, S.; GRIGGO, C.; MOURRE, V. (1998) – Approche expérimentale d'un problème taphonomique: utilisation de combustible osseux au Paléolithique. *Préhistoire Européenne.* 13, p. 167-194.

COSTAMAGNO, S.; THÉRY-PARISOT, I.; BRUGAL, J.-P.; GUILBERT, R. (2005) – Taphonomic consequences of the use of bone as fuel. Experimental data and archaeological applications. In O'CONNOR, T., ed. – *Biosphere to Lithosphere: New studies in vertebrate taphonomy.* Proceedings of the 9ᵗʰ ICAZ Conferences (Durham, August 2002). Oxford: Oxbow Books. p. 51-62.

DAVID, B. (1990) – How was this bone burnt? In SOLOMON, S.; DAVIDSON, I.; WATSON, B., eds. – *Problem solving in taphonomy.* Vol. 2. Tempus, p. 65-79.

DELPORTE, H.; DELIBRIAS, G.; DELPECH, F.; DONARD, E.; HEIM, J.-L.; LAVILLE, H.; MARQUET, J.-C.; MOURER-CHAUVIRÉ, C.; PAQUEREAU, M.-M.; TUFFREAU, A. (1984) – *Le grand abri de la Ferrassie. Fouilles 1968-1973.* Paris: Laboratoire de Paléontologie Humaine et de Préhistoire, 277 p.

FOURMENT, N. (2000) – Les niveaux d'habitat du site de Troubat (Hautes-Pyrénées) – Problématique d'étude

et applications d'analyse méthodologique. *Bulletin de la Société préhistorique de l'Ariège.* LV, p. 63-84.

GERBE, M. (2004) – *Études taphonomiques d'ossements brûlés.* Mémoire de DEA. Marseille: Université Aix-Marseille. 94 p.

GIFFORD-GONZALEZ, D. (1989) – Ethnographic analogues for interpreting modified bones. Some cases from East Africa. In BONNICHSEN, R.; SORG, M., eds. – *Bone modification.* Orono: University of Maine, Center for the Study of First Americans. p. 179-246.

GIFFORD-GONZALEZ, D. (1993) – Gaps in zooarchaeology analysis of butchery: Is gender an issue? In HUDSON, J., ed. – *From Bones to Behavior: Ethnoarchaeological and Experimental Contributions to the Interpretation of Faunal Remains.* Carbondale: Center for Archaeological Investigations, Southern Illinois University at Carbondale. p. 181-199.

GUILLON, F. (1986) – Brûlés frais ou brûlés secs? In DUDAY, H.; MASSET, C., eds. – *Anthropologie physique et Archéologie.* Paris: CNRS. p. 191-194.

JOHNSON, E. (1989) – Human modified bones from early southern Plains Sites. In BONNICHSEN, R.; SORG, M., eds. – *Bone modification.* Orono: University of Maine, Center for the Study of First Americans. p. 431-471.

LEBEL, S. (2001) – *Monieux, Bau de l'Aubésier. Bilan scientifique,* Service Régional de l'Archéologie, PACA, p. 193.

LETOURNEUX, C. (2003) – *Devinez qui est venu dîner à Brassempouy? Approche taphonomique pour une interprétation archéozoologique des vestiges osseux de l'Aurignacien ancien de la grotte des Hyènes (Brassempouy, Landes).* Thèse de doctorat. Paris: Université Paris-I. 424 p.

MONTÓN SUBÍAS S. (2002) – Cooking in zooarchaeology: Is this issue still raw? In MIRACLE, P.; MILNER, N., eds. – *Consuming passions and patterns of consumption.* Cambridge: McDonald Institute for Archaeological Research. p. 7-15.

NICHOLSON, R. A. (1993) – A morphological investigation of burnt animal bone and an evaluation of its utility in archaeology. *Journal of Archaeological Science.* 20, p. 411-428.

PATOU-MATHIS, M. (1993) – Taphonomic and paleoethnographic study of the fauna associated with the Neandertal of Saint-Césaire. In LÉVÊQUE, F.; BACKER, A. M.; GUILBAUD, M., eds. – *Context of the late Neandertal: Implications of multidisciplinary research for the transition to Upper Paleolithic adaptations at Saint-Césaire, Charente-Maritime, France*. Madison, Wisconsin: Prehistory Press. p. 81-102.

PEARCE, J.; LUFF, R. (1994) – The taphonomy of cooked bones. In LUFF, R.; ROWLEY-CONWY, P., eds. – *Whither environmental archaeology?* Oxford: Oxbow Monograph. p. 51-56.

PELEGRIN, J.; WHITE, R. (1998) – *L'abri Castanet (Sergeac, Dordogne). Rapport de fouille programmée*. Service Régional de l'Archéologie Aquitaine.

PERLÈS, C. (1977) – *Préhistoire du feu*. Paris: Masson, 180 p.

SANGATHE, D.; DIBBLE, H. L.; MCPHERRON, S. J. P.; TURQ, A. (2005) – *Roc-de-Marsal, commune de Campagne-du-Bugue, Dordogne. Rapport de fouille programmée*. Service Régional de l'Archéologie Aquitaine.

SHAHACK-GROSS, R.; BAR-YOSEF, O.; WEINER, S. (1997) – Black-coloured bones in Hayonim Cave, Israel: Differentiating between burning and oxide staining. *Journal of Archaeological Science*. 24, p. 439-446.

SHIPMAN, P.; FOSTER, G.; SCHOENINGER, M. (1984) – Burnt bones and teeth: An experimental study of color, morphology, crystal structure and shrinkage. *Journal of Archaeological Science*. 11, p. 307-325.

SILLEN, A.; HOERING, T. (1993) – Chemical characterization of burnt bones from Swartkrans. In BRAIN, C. K., ed. – *Swartkrans: A Cave's Chronicle of Early Man*. Pretoria: Transvaal Museum Monograph. p. 243-249.

SPENNEMANN, D. H. R.; COLLEY, S. M. (1989) – Fire in a pit: the effects of burning of faunal remains. *Archaeozoologia*. 3, p. 51-64.

STINER, M. C.; KUHN, S. L.; WEINER, S.; BAR-YOSEF, O. (1995) – Differential burning, recrystallization, and fragmentation of archaeological bones. *Journal of Archaeological Science*. 22, p. 223-237.

TAVOSO, A. (1987) – Le remplissage de la grotte Tournal à Bize-Minervois (Aude). *Cypsela*. VI, p. 23-35.

TAYLOR, R. E.; HARE, P. E.; WHITE, T. D. (1995) – Geochemical criteria for thermal alteration of bone. *Journal of Archaeological Science*. 12, p. 101-120.

TCHESNOKOV, Y. (1995) – La culture traditionnelle des éleveurs de rennes du Nord-Est de la Sibérie: problèmes et perspectives de développement. In CHARRIN, A.-V.; LACROIX, J.-M.; THERRIEN, M., eds. – *Peuples des Grands Nords. Traditions et Transitions*. Paris: Presses de la Sorbonne Nouvelle, Institut National des Langues et civilisations Orientales. p. 305-314.

TEXIER, P.-J.; BRUGAL, J.-P.; LEMORINI, C.; THÉRY-PARISOT, I.; WILSON, L. (2005a) – Abri du pont de La Combette (Bonnieux, Vaucluse), variabilité intra-site des comportements néandertaliens. In JAUBERT, J.; BARBAZA, M., eds. – *Territoires, dépalements, mobilités, échanges durant la préhistoire. Terre et hommes du sud*. Actes du 126e congrès national des sociétés historiques et scientifiques (Toulouse, avril 2001). Paris: CTHS. p. 115-130.

TEXIER, P.-J.; BRUGAL, J.-P.; LEMORINI, C.; THÉRY-PARISOT, I.; WILSON, L. (2005b) – La Combette (Bonnieux, Vaucluse, France): a Mousterian sequence in the Luberon mountain chain, between the plains of the Durance and Calavon rivers. *Prehistoria Alpine*. 39, p. 70-90.

THÉRY-PARISOT, I. (1998) – *Économie des combustibles et paléoécologie en contexte glaciaire et périglaciaire, Paléolithique moyen et supérieur du sud de la France. Anthracologie, Expérimentation, Taphonomie*. Thèse de doctorat. Paris: Université de Paris I. 500 p.

THÉRY-PARISOT, I. (2001) – *Économie des combustibles au Paléolithique. Expérimentation, anthracologie, Taphonomie*. Paris: CNRS Éditions. 196 p. (Dossiers de documentation archéologique; 20).

THÉRY-PARISOT, I. (2002a) – Fuel management (bone and wood) during the lower Aurignacian in the Pataud rock shelter (Lower Palaeolithic), Les Eyzies de Tayac, Dordogne (France): contribution of experimentation and anthraco-analysis to the study of the socio-economic behaviour. *Journal of Archaeological Science*. 29, p. 1415-1421.

THÉRY-PARISOT, I. (2002) – Gathering of firewood during the Palaeolithic. In THIÉBAULT, S., ed. – *Charcoal Analysis. Methodological Approaches, Palaeoecological Results and Wood Uses*. Oxford:

BAR Publishing. p. 243-249. (BAR International Series; 1063).

THÉRY-PARISOT, I.; BRUGAL, J.-P.; COSTAMAGNO, S.; GUILBERT, R. (2004) – Conséquences taphonomiques de l'utilisation des ossements comme combustible. Approche expérimentale. *Les Nouvelles de l'archéologie*. 95, p. 19-22.

THÉRY-PARISOT, I.; COSTAMAGNO, S. (2005) – Propriétés combustibles des ossements. Données expérimentales et réflexions archéologiques sur leur emploi dans les sites paléolithiques. *Gallia Préhistoire*. 47, p. 235-254.

THÉRY-PARISOT, I.; COSTAMAGNO, S.; BRUGAL, J.-P.; GUILBERT, R. (2005) – The use of bone as fuel during the Palaeolithic, experimental study of bone combustible properties. In MULVILLE, J.; OUTRAM, A., eds. – *The Archaeology of Milk and Fats*. Proceedings of the 9th ICAZ Conferences (Durham, August 2002). Oxford: Oxbow Book. p. 50-59.

THIÉBAULT, S. (1980) – *Étude critique des aires de combustion en France*. Mémoire de Maîtrise. Paris: Université de Paris I. 246 p.

THIÉBAULT, C.; COSTAMAGNO, S.; COUMONT, M.-P.; MOURRE, V.; PROVENZANO, N.; THÉRY-PARISOT, I. (sous presse) – Approche expérimentale des conséquences du piétinement des grands herbivores sur les vestiges archéologiques. In COUMONT, M.-P.; THIÉBAULT, C.; AVERBOUH, A., eds. – *Mise en commun des approches en taphonomie*. Actes du XVe Congrès de l'UISPP (Lisbonne, septembre 2006). Oxford: BAR Publishing. (BAR International Series).

THURMAN, M. D.; WILLMORE, L. J. (1981) – A replicative cremation experiment. *North America Archaeologist*. 2, p. 275-283.

VIGNE, J.-D.; MARINVAL-VIGNE, M.-C. (1983) – Méthode pour la mise en évidence de la consommation du petit gibier. In CLUTTON-BROCK, J.; GRIGSON, C., eds. – *Animals and Archaeology: 1. Hunters and their Prey*. Oxford: British Archaeological Reports 163. p. 239-242.

VILLA, P.; BON, F.; CASTEL, J.-C. (2002) – Fuel, fire and fireplaces in the Palaeolithic of Western Europe. *The Review of Archaeology*. 23, 1, p. 33-42.

WALTERS, J. (1988) – Fire and bones: patterns of discard. In MEEHAN, B.; JONES, R., eds. – *Archaeology with Ethnography: An Australian Perspective*. Canberra: Australian National University. p. 215-221.

WANDSNIDER, L. (1997) – The roasted and the boiled: food composition and heat treatment with special emphasis on pit-hearth cooking. *Journal of Anthropological Archaeology*. 16, 1, p. 1-48.

Mise en évidence de l'utilisation d'un combustible osseux au Paléolithique moyen : le cas du gisement de Remicourt « En Bia Flo » I (Province de Liège, Belgique)

Dominique BOSQUET*, Freddy DAMBLON** et Paul HAESAERTS***

Abstract. The Middle Palaeolithic site of Remicourt (Liège region, Belgium) was discovered in 1997 along the high speed train track by a team of the Walloon Region and the Royal Institute of Natural Sciences of Belgium. The site has been recently investigated following a pluridisciplinary approach, with a chapter concerning anthracology. The anthracological and archaeological analyses allow us to propose, as an hypothesis, that a part of the camp was dedicated to the processing of large mamals bones to be used as fuel.

Keywords. Belgium, Remicourt, Middle Palaeolithic, charcoal, burnt bones.

Résumé. Le site de Remicourt (province de Liège, Belgique) a été mis au jour en 1997, à l'occasion de prospections systématiques menées par la Direction de l'Archéologie de la Région wallonne sur le tracé du TGV, en collaboration avec l'Institut royal des Sciences naturelles de Belgique. Le site a récemment fait l'objet d'une vaste étude pluridisciplinaire. Les résultats issus des analyses anthracologique et archéologique permettent de formuler l'hypothèse selon laquelle une partie du campement pourrait être, entre autres, une zone de traitement des carcasses de grands herbivores, comprenant une étape de démembrement et/ou de fragmentation des os faisant intervenir un outil caractéristique – le « ciseau » ou « coin à fendre » – dans le but de sélectionner les parties spongieuses des ossements, plus propices à la combustion. Obtenus sur un site qui n'a livré aucun reste de faune identifiable à la fouille, ces résultats illustrent également de façon remarquable l'importance que revêt le prélèvement systématique de sédiments en milieu loessique réputé peu favorable à la conservation des matières organiques.

Mots-clés. Belgique, Remicourt, Paléolithique moyen, charbon de bois, charbon d'os.

INTRODUCTION

Le site de Remicourt a été fouillé par la Direction de l'archéologie de la Région wallonne, en collaboration avec l'Institut royal des sciences naturelles de Belgique, sur le tracé du TGV oriental. Situé en Hesbaye, à 20 km de Liège (fig. 5.1), il occupe le bord occidental d'une ride

* Institut royal des Sciences naturelles de Belgique, Section Anthropologie et Préhistoire, 29, rue Vautier, 1000 Bruxelles, Belgique, dominique.bosquet@naturalsciences.be

** Institut royal des Sciences naturelles de Belgique, Section Micropaléontologie et Paléobotanique, 9, rue Vautier, 1000 Bruxelles, Belgique, freddy.damblon@naturalsciences.be

*** Institut royal des Sciences naturelles de Belgique, Section Micropaléontologie et Paléobotanique, 9, rue Vautier, 1000 Bruxelles, Belgique, paul.haesaerts@naturalsciences.be

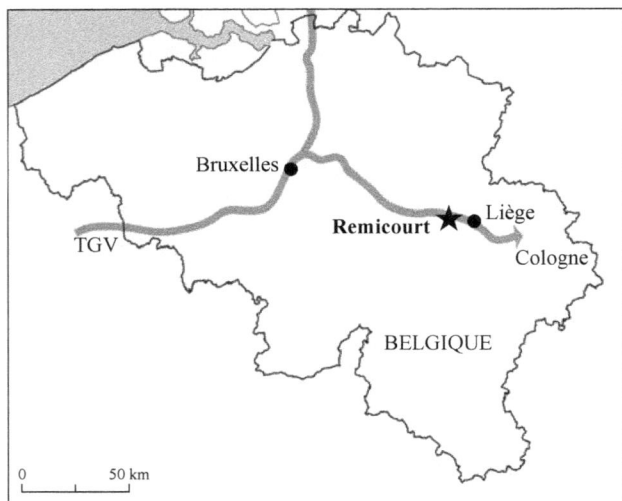

Fig. 5.1. Situation géographique du site de Remicourt « En Bia Flo » I (DAO A. Van Driessche, IRSNB).

loessique du Pléistocène supérieur. La fouille du site a couvert 630 m^2 et livré près de 400 pièces lithiques attribuables au Paléolithique moyen, préservées dans la partie supérieure du pédocomplexe de Rocourt, lequel enregistre le dernier interglaciaire et le début glaciaire dans la séquence régionale (SIM 5).

Le site a récemment fait l'objet d'une vaste étude pluridisciplinaire (Bosquet, Haesaerts, à paraître). L'étude anthracologique a permis de mettre en évidence une concentration de charbon de bois et d'os brûlés dans une partie du gisement caractérisée par la présence d'un outillage spécifique ayant été utilisé précisément pour fendre et couper du bois et/ou de l'os. Ce résultat, relativement inattendu dans un site qui n'a pas livré d'autres restes fauniques, apporte un élément de compréhension supplémentaire à l'interprétation du campement comme un espace structuré en fonction de diverses activités, fait rarement mis en évidence pour une période aussi ancienne.

CONTEXTES STRATIGRAPHIQUE ET ARCHÉOLOGIQUE

À Remicourt, le pédocomplexe de Rocourt regroupe les témoins de trois pédogenèses de type sol lessivé à sol gris forestier séparés par deux épisodes d'apports limoneux et des phases de gel profond (sous-unités 28b, 27b et 27a, fig. 5.2). L'horizon blanchi de Momalle (unité 26), présent au sommet du pédocomplexe de Rocourt, correspond à la partie supérieure du sol gris forestier 27a, affectée par des processus de lessivage au cours de la phase de gel profond qui précède la mise en place du complexe humifère de Remicourt (unités 25 à 23). Ce dernier est actuellement attribué à la fin du début Glaciaire, vers ± 70000 BP.

Sur l'ensemble du site, la majeure partie du matériel lithique a été récoltée dans l'horizon blanchi (unité 26) et un certain nombre de pièces dans l'horizon 27a sous-jacent. L'intégrité de l'assemblage archéologique est confirmée par les remontages. En plus des remontages réalisés entre des pièces provenant de l'unité 26 exclusivement, il en existe également qui associent des pièces de la sous-unité 27a et de l'unité 26, soit 10 remontages, impliquant 51 pièces, dont 16 issues de 27a et 35 de 26 (Bosquet, Haesaerts, à paraître).

La présence d'un revêtement argileux sur les artefacts situés dans le sol gris forestier 27a montre que ces objets étaient en place au plus tard au début du processus de migration d'argile qui caractérise cette pédogenèse. Dès lors, les remontages entre ces objets et ceux situés plus haut dans l'unité 26, qui, rappelons-le, contient l'essentiel des artefacts, permettent d'attribuer l'ensemble de la série

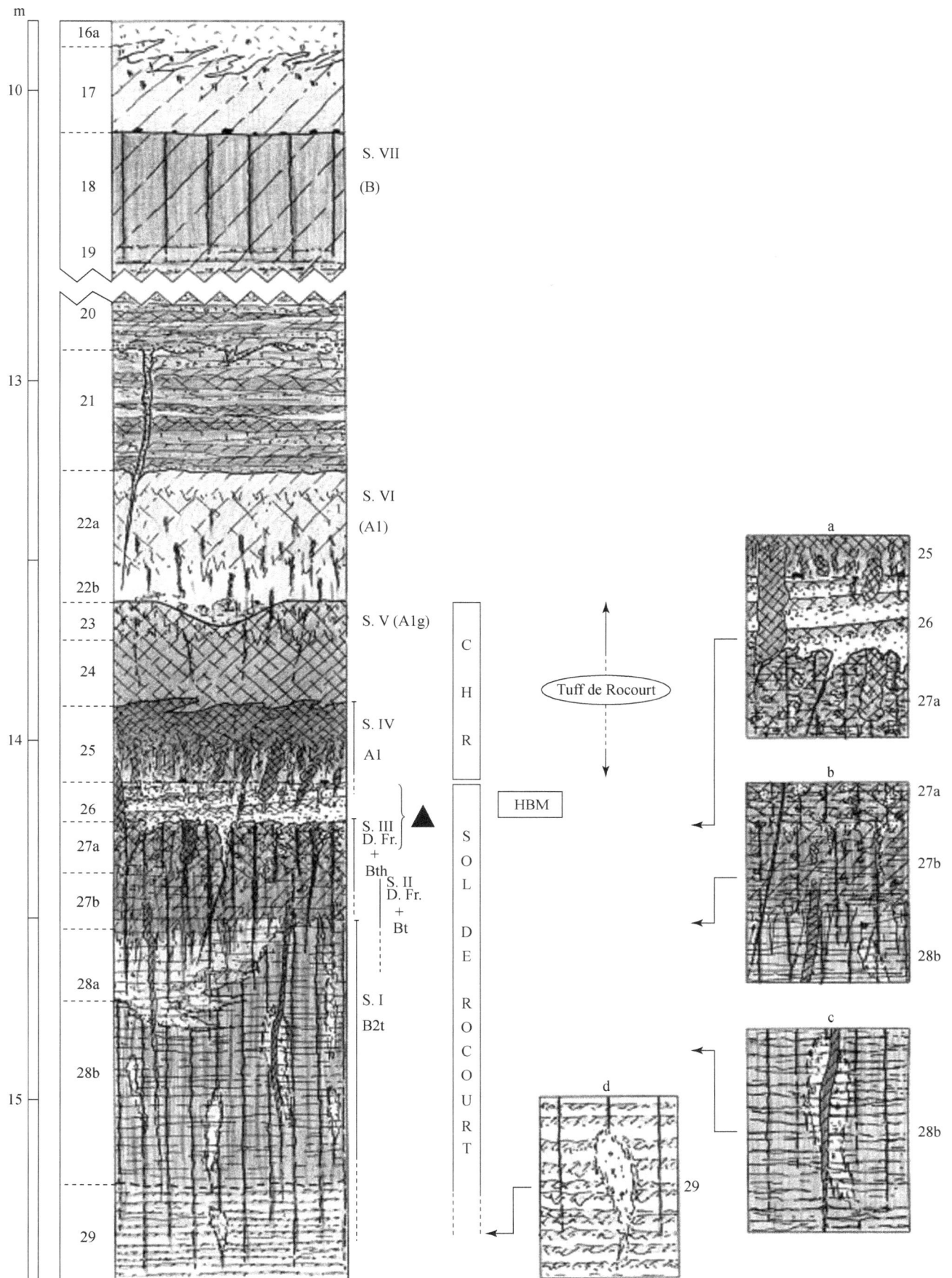

Fig. 5.2. Stratigraphie (d'après Haesaerts *et al.*, 1999, fig. 7).

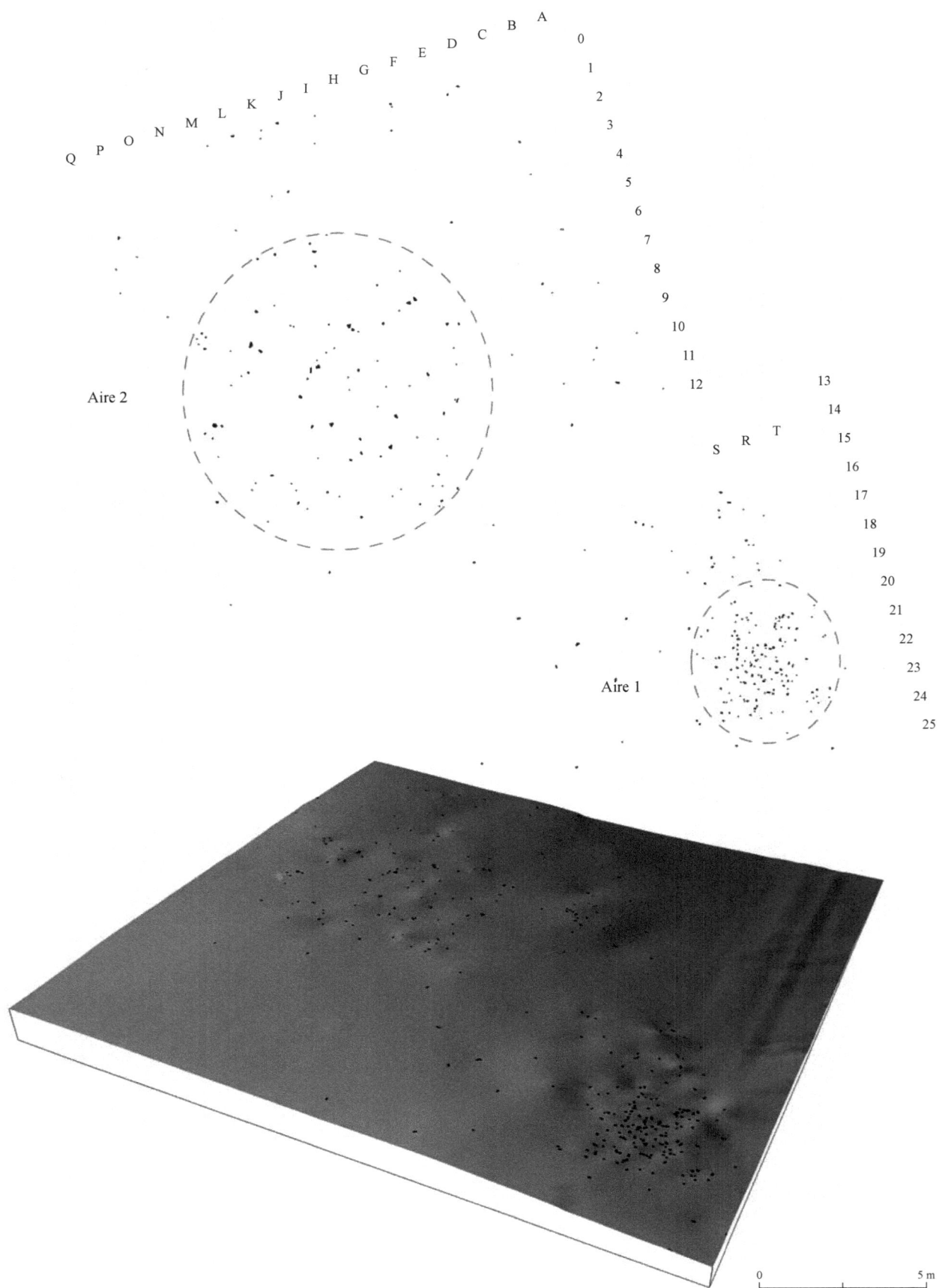

Fig. 5.3. Plan de répartition de l'industrie lithique et vue en relief du niveau archéologique.

lithique à l'épisode de sédimentation précédant la formation du sol gris forestier de 27a.

L'analyse stratigraphique du matériel archéologique et la reconstitution détaillée des phénomènes post-dépositionnels (Bosquet, Haesaserts, à paraître) ont permis de mettre en évidence le haut degré de conservation du gisement, fait rare pour cette période. Le matériel est dispersé verticalement sur 10 à 15 cm à peine, valeur inférieure à celles enregistrées sur la plupart des sites comparables à l'échelle européenne, dont le matériel est, dans bien des cas, dispersé sur 20 à 30 cm d'épaisseur, voir plus (Vermeersch, 2001, p. 397). En dépit des phénomènes cryogéniques ultérieurs ayant affecté la couche archéologique, les pièces ne sont ni patinées, ni usées et elles ont été très peu déplacées par rapport à la position initiale, faits confirmés à la fois par l'analyse tracéologique (Jardón Giner, Bosquet, 1999 ; Bosquet *et al.*, 2004) et par les remontages. La présence de nombreuses esquilles et microesquilles de silex, de même que celle des charbons de bois et de fragments d'os carbonisés, assurent du caractère limité des effets du ruissellement et de la rapidité du processus sédimentaire lors de l'abandon du campement. Ces divers éléments, de même que le faible nombre d'objets découverts et l'absence d'autres niveaux paléolithiques dans la séquence, témoignent d'une occupation probablement unique et assez brève.

INDUSTRIE LITHIQUE ET DYNAMIQUE SPATIALE

À Remicourt, le matériel lithique est réparti en deux entités spatiales distinctes mais contiguës, correspondant aux aires 1 et 2 (fig. 5.3). L'aire 1 est caractérisée par un débitage laminaire sur silex à grain fin, dont l'essentiel de la production a été exporté, tandis que l'aire 2 rassemble un matériel nettement plus massif, constitué d'éclats obtenus à partir de deux variétés de silex grenu. Selon les résultats tracéologiques, l'aire 1 comprend plusieurs pièces utilisées (Jardón Giner, Bosquet, 1999), montrant que celle-ci a été le centre d'autres activités que le débitage et/ou que des pièces utilisées y ont été abandonnées, probablement pour être remplacées par celles produites sur place. La tracéologie documente également diverses activités dans l'aire 2, dont une correspond au travail de l'os et/ou du bois végétal au moyen d'outils utilisés en percussion posée et qualifiés de « coins à fendre » ou « ciseaux » (fig. 5.4). Notons que ce type d'outil est absent de l'aire 1. Mais, plus encore que les résultats tracéologiques, l'analyse anthracologique des prélèvements sédimentaires a apporté un élément déterminant dans l'interprétation paléthnographique qui peut être proposée pour l'aire 2.

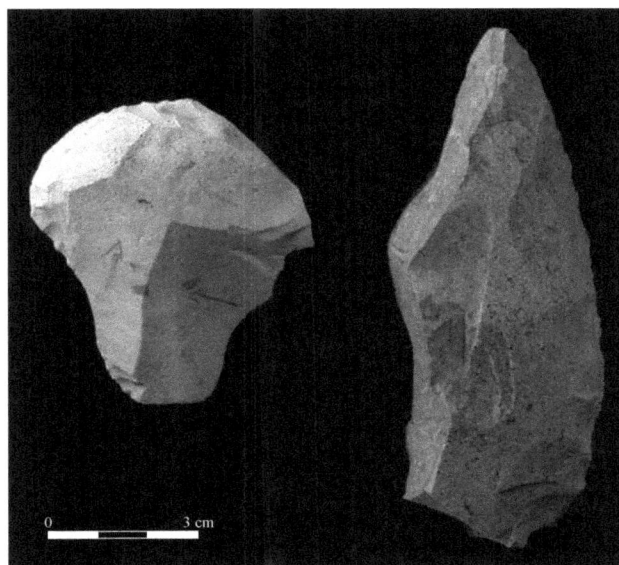

Fig. 5.4. « Coins à fendre » ou « ciseaux » (Jardon Giner et Bosquet, 1999).

L'ÉTUDE ANTHRACOLOGIQUE

Échantillonnage

L'étude anthracologique est fondée sur le prélèvement de 39 échantillons issus des unités 27a, 26, 25, 24 et 23 (fig. 5.5). Il faut souligner le fait que l'échantillonnage anthracologique a suivi les phases successives de la fouille durant toute la campagne ; environ 250 m de sections stratigraphiques ont été examinés avec pour objectif de repérer les restes

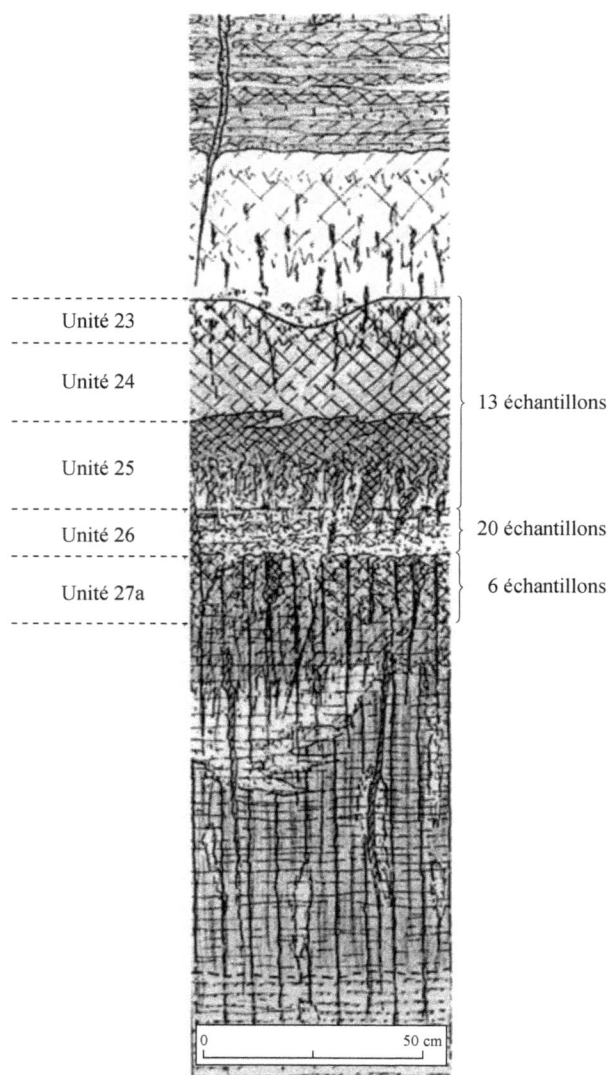

Fig. 5.5. Position stratigraphique des échantillons anthracologiques.

charbonneux au sein des unités précitées, tenant compte du fait que des charbons de bois ont été fréquemment observés dans la partie supérieure du pédocomplexe de Rocourt en moyenne Belgique (Van Vliet-Lanoë, 1986). Des prélèvements ont également été réalisés par les fouilleurs au gré de l'avancement des travaux. Que ce soit sur les coupes ou dans les carrés de fouille, la méthode a consisté à prélever systématiquement toutes les concentrations de particules noires visibles à l'œil nu, sans essayer, lors de cette étape de terrain, de différencier le charbon de bois et le manganèse, souvent difficiles à distinguer lorsqu'il s'agit de très petits éléments. De cette façon, on peut considérer qu'une part importante des concentrations de charbon de bois visibles a été récoltée.

La position des échantillons en stratigraphie (fig. 5.4) montre que l'essentiel des prélèvements provient de l'unité 26, avec 20 échantillons, tandis que 6 échantillons ont été prélevés dans le sommet du sol gris forestier (unité 27a) et 13 échantillons dans les trois unités qui forment le Complexe humifère de Remicourt (unités 25, 24 et 23). Excepté 6 échantillons non situés en planimétrie et non repris dans ce décompte, 33 échantillons se répartissent à divers endroits de la fouille (fig. 5.6), excepté dans l'aire 1 au sein de laquelle aucun prélèvement n'a été effectué. Il apparaît d'emblée que l'aire 2 a fourni la moitié des échantillons et que ceux-ci proviennent tous de l'Horizon blanchi de Momalle (unité 26).

Extraction des restes carbonisés

La méthode d'extraction des restes carbonisés a été décrite par Damblon *et al.* (1996) et peut

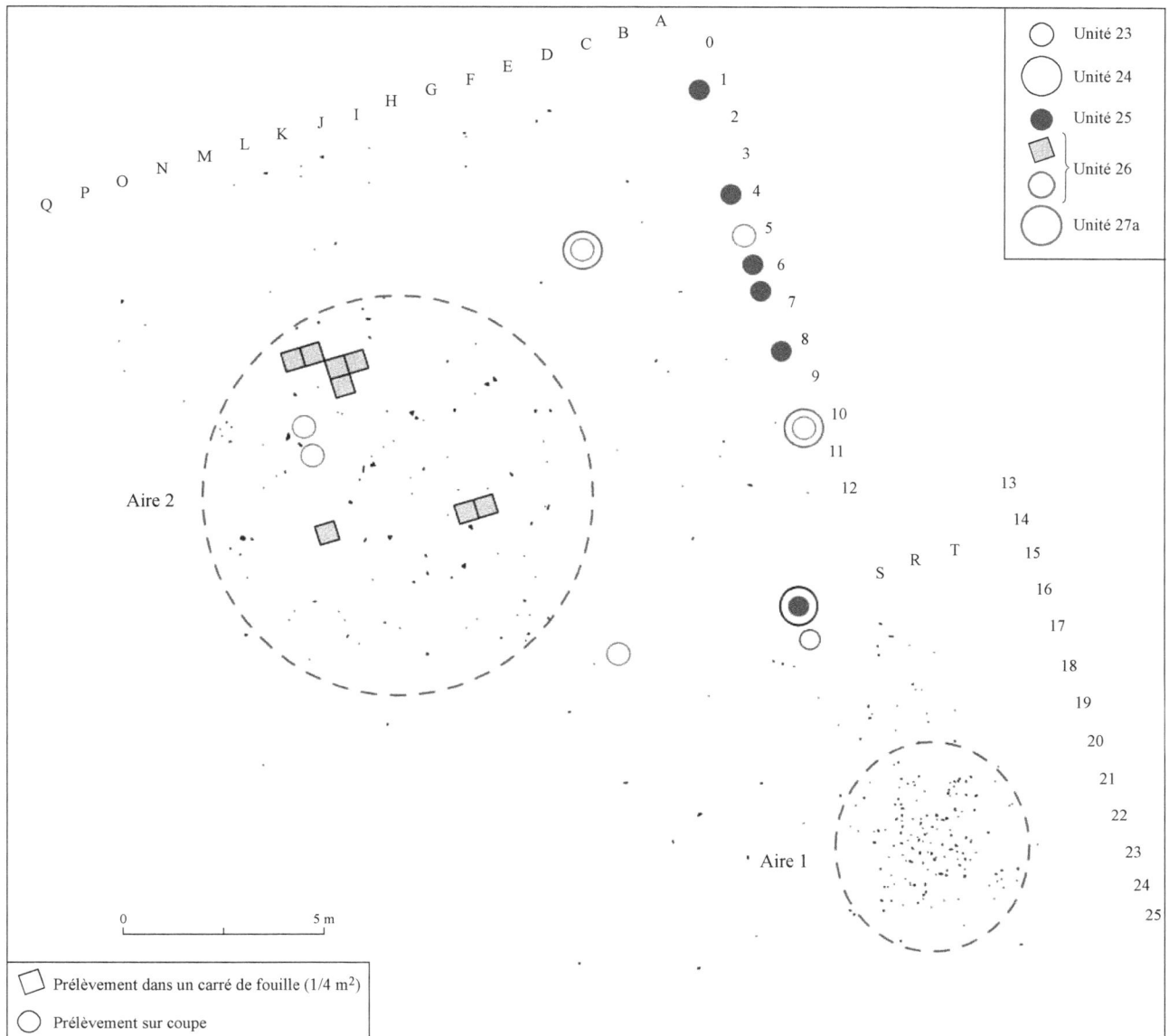

Fig. 5.6. Répartition planimétrique des prélèvements anthracologiques.

être résumée par la séquence opérationnelle suivante : séchage des échantillons sédimentaires (pour durcir le matériel charbonneux), dispersion du sédiment dans l'eau et le pyrophosphate, traitement à l'acide fluorhydrique, lavage à l'acide chlorhydrique, lavage à l'eau déminéralisée, tamisage sur mailles de 0,50 et 0,25 mm, examen et tri sous eau, séchage, second tri à sec, identification.

Les résultats anthracologiques

Étant donné la méthode d'échantillonnage appliquée sur le terrain, sur 39 échantillons récoltés seuls 16 contenaient effectivement des restes carbonisés, les autres étant constitués de manganèse exclusivement. Certains échantillons contenaient également du matériel récent introduit par l'intermédiaire de galeries de micromammifères, mais ce type de

Label	Unité	Taxon	Matériel	Nbre
Complexe humifère de Remicourt				
CHR	24 (a)	*Picea*	charbon de bois	1
		Conifère ind.	charbon de bois	6
		Indéterminés	charbon de bois	15
		vitrifiés	os carbonisé	15
		–		
CHR	25 sup.	Poaceae	fragm. tige carb.	1
		Indéterminés	charbon de bois	1
		vitrifiés	os carbonisé	25
		–		
CHR	25 inf.	*Betula*	charbon de bois	1
		Indéterminés	charbon de bois	7
		vitrifiés	os carbonisé	3
		–		
			Total unités 24-25	**75**
Horizon blanc de Momalle				
HBM	26	*Picea*	charbon de bois	12
		cf. *Juniperus*	charbon de bois	12
		Pinus	charbon de bois	2
		Conifère	charbon de bois	2
		Betula	charbon de bois	14
		Salix	charbon de bois	1
		Fraxinus	charbon de bois	2
		Caducifoliés	charbon de bois	5
		Indéterminés	charbon de bois	69
		vitrifiés	fragm. tige carb.	4
		Poaceae	fragm. tige carb.	7
		Monocotylédone	os carbonisé	204
		–		
			Total unité 26	**334**
Pédocomplexe de Rocourt				
SGF	27a	*Picea*	charbon de bois	14
		–	os carbonisé	1
			Total unité 27a	**15**
			Total général	**424**

CHR : complexe humifère de Remicourt ; HBM : horizon blanchi de Momalle ; SGF : sol gris forestier.

Fig. 5.7. Nombre de restes et taxons par unité stratigraphique.

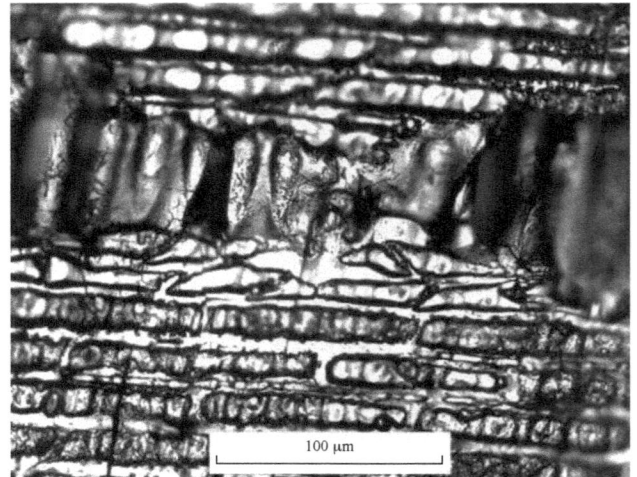

Fig. 5.8. Fragment de *Picea*. Champs de croisements montrant les cellules parenchymateuses et les trachéides de rayon croisant les trachéides verticales (rayons hétérogènes).

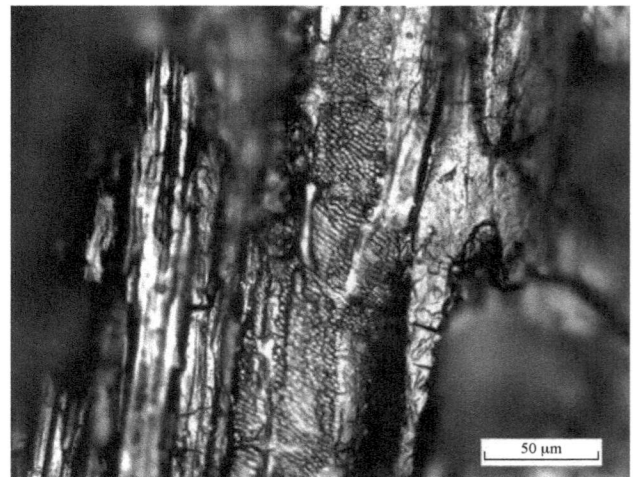

Fig. 5.9. Fragment de *Betula* montrant les ponctuations caractéristiques sur deux vaisseaux.

contamination par des graines et des fruits récents était aisément détectable et fut séparé du matériel carbonisé ancien caractérisé par sa petite taille (< 3 mm) et par son aspect dégradé ou vitrifié. Au total, 424 fragments brûlés ont été recueillis après tamisage (fig. 5.7), tous de petites dimensions (de 2 à ¼ mm). Sur ce total, 58 % (248 fragments) des restes sont d'origine osseuse (cf. *infra*).

Dans l'ensemble, la diversité taxonomique de l'assemblage anthracologique est plutôt faible avec 6 genres et 4 groupes de taxons reconnus à divers niveaux systématiques (fig. 5.7). Les difficultés d'identification proviennent d'une part de la faible dimension des restes et d'autre part de leur état souvent vitrifié. Certains caractères peuvent disparaître complètement sur l'un ou l'autre plan anatomique tandis que d'autres caractères typiques et mieux préservés autorisent l'identification. C'est le cas par exemple des caractères des champs de croisement chez le pin et l'épicéa (fig. 5.8) ou de la forme des vaisseaux et de leurs ponctuations chez le bouleau (fig. 5.9).

En ce qui concerne les restes osseux vitrifiés, deux types ont été reconnus. Les fragments spongieux, dont la structure est totalement désordonnée (fig. 5.10), dominent nettement l'assemblage (214 fragments), tandis que l'os compact à surface encore granuleuse (fig. 5.11) est faiblement documenté (34 fragments). La distinction entre les restes osseux et l'écorce de bois peut présenter une difficulté lorsque les structures ont été vitrifiées. Néanmoins, il est possible de reconnaître l'écorce quand elle est en connexion avec le phloème et le xylème et, si tel n'est pas le cas, lorsque le fragment présente une organisation feuilletée et plus fragile des structures, également caractéristique.

L'unité 27a

Parmi les 6 échantillons collectés dans la partie supérieure de la sous-unité 27a, un seul contenait des charbons d'épicéa (*Picea* sp.) tandis qu'un autre ne contenait qu'un seul reste osseux spongieux carbonisé (fig. 5.7).

L'unité 26

Sur les vingt échantillons prélevés dans l'horizon blanchi, 11 ont livré un total de 334 restes carbonisés, dont 204 sont d'origine osseuse. Parmi les charbons de bois reconnus à différents niveaux taxonomiques, les restes de conifères sont nettement dominants avec l'épicéa (*Picea* sp.), le genévrier

Fig. 5.10. Fragment d'os spongieux carbonisé.

Fig. 5.11. Fragment d'os compact carbonisé.

(*Juniperus* sp.), le pin (*Pinus* type *sylvestris*) et deux restes indéterminables. Les charbons de bouleau (*Betula*) sont présents en proportion notable tandis qu'un reste unique de saule (*Salix* sp.) est conservé.

0   0,2 mm

Fig. 5.12. Coupe transversale dans une gaine foliaire de *Poaceae*.

On relèvera également la présence de deux restes de frêne (*Fraxinus* sp.) dans cette unité. D'autres restes d'arbres ou arbustes à feuilles caduques sont observables alors qu'une majorité de débris ligneux vitrifiés ne peut être identifiée. Une autre partie des restes carbonisés comprend des fragments de Graminées (*Poaceae*, fig. 5.12) et d'autres herbacées Monocotylédones indéterminées.

Les restes osseux carbonisés comprennent 173 fragments de *spongiosa* contre seulement 31 fragments d'os compact. Dans la mesure où l'os spongieux se conserve nettement moins bien que l'os compact, cette surreprésentation archéologique est probablement liée à une sélection des parties spongieuses par l'homme (Costamagno *et al.*, 2005 ; Théry, Costamagno, 2005).

L'unité 25

L'échantillonnage réalisé dans les moitiés supérieure et inférieure de l'unité a fourni 38 restes charbonneux, dont 28 d'os. Dans la partie inférieure de l'unité, un seul reste charbonneux de

bouleau (*Betula*) a été identifié alors que les autres restes étaient trop fondus, tandis que trois débris d'os spongieux étaient conservés dans un échantillon. Dans la partie supérieure, un reste carbonisé unique de chaume a été reconnu et attribué à une graminée (*Poaceae*) tandis que 25 restes osseux spongieux vitrifiés y étaient associés.

L'unité 24

Trois concentrations noires ont été isolées au sein de l'unité 24 dont une seule contenait 37 restes carbonisés. Parmi ces restes plus ou moins vitrifiés, et pour une partie composée de fragments de branchettes, un fragment d'épicéa (*Picea*) a été identifié tandis que 6 fragments aux structures fondues sont attribués à un conifère indéterminable. Une quinzaine des restes osseux de type *spongiosa* carbonisés était également conservée.

Origine des restes carbonisés

L'examen de la figure 5.7 fait clairement apparaître la plus forte concentration en charbons de bois au sein de l'unité 26 qui a fourni 95 % de l'assemblage lithique. Il est évident que la présence de ces charbons de bois dans l'unité 26 doit être mise en relation directe avec les activités humaines, une hypothèse renforcée par la concentration des restes osseux carbonisés conservés dans l'aire 2 (fig. 5.13). En effet, il apparaît clairement que l'essentiel des charbons de bois et des fragments d'os brûlés est circonscrit dans les carrés K-L / 5-6 situés à la périphérie de l'aire 2. Cette répartition spatiale très particulière permet également d'écarter l'hypothèse selon laquelle les charbons de bois pourraient provenir d'un incendie de forêt, auquel cas ils auraient été disséminés dans tous les échan-

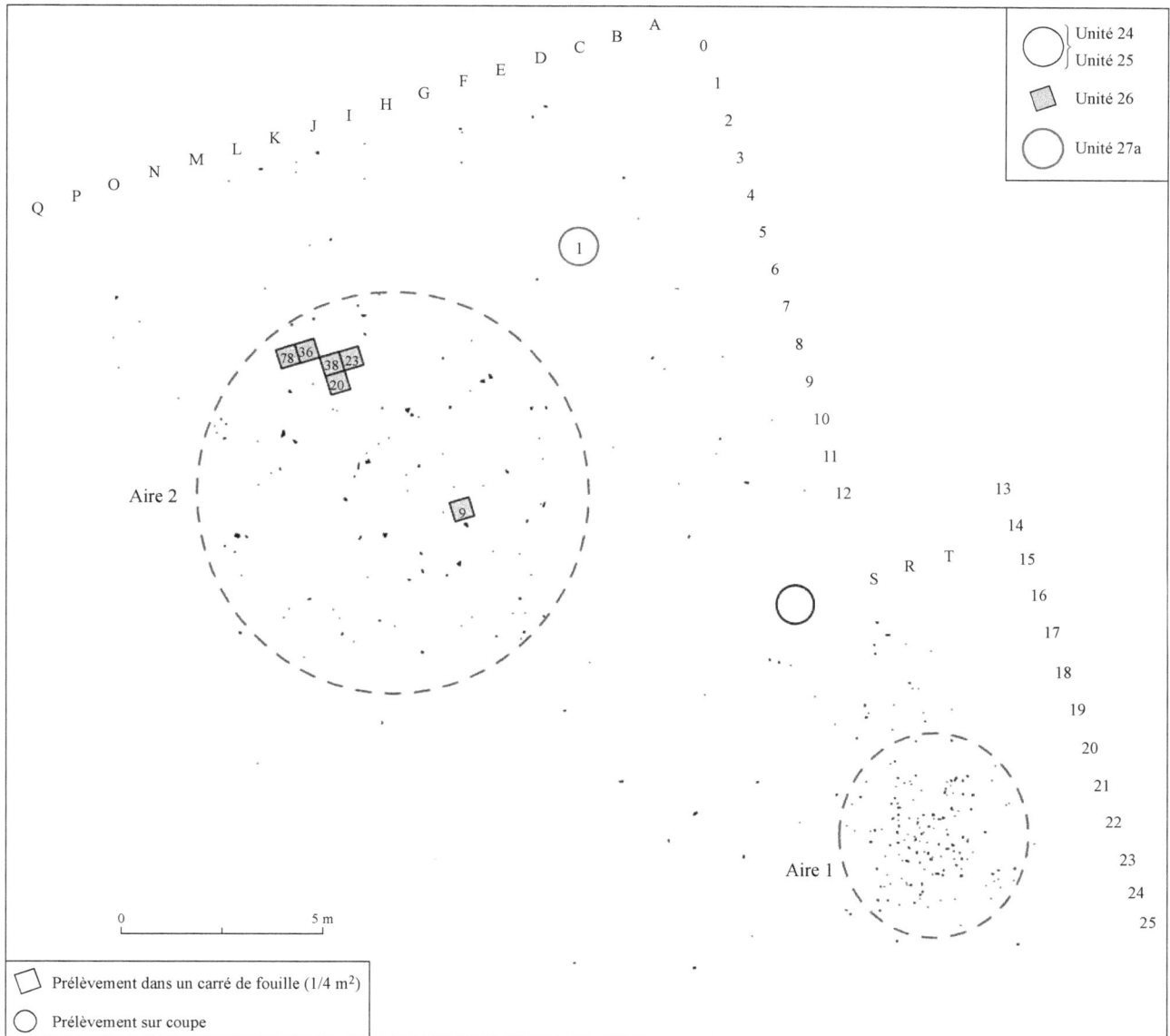

Fig. 5.13. Répartition planimétrique des restes osseux et nombre de restes par carré.

tillons prélevés au sein des différents horizons et sur une plus grande partie de l'aire fouillée.

Par ailleurs, aux restes issus de l'horizon blanchi doivent être associés les 14 charbons de bois et le charbon d'os qui ont été trouvés dans l'unité 27a, puisque, d'un point de vue sédimentaire, les deux unités ne font qu'une.

Quant à la présence de 75 charbons de bois et d'os dans les unités 24 et 25 elle est proba-

blement due à des phénomènes post-dépositionnels. En effet, tous ces restes proviennent du carré B15, à proximité duquel plusieurs pièces lithiques ont également été trouvées dans l'unité 25. Encore une fois, dans la mesure où certains de ces objets se remontent avec des artefacts issus du niveau archéologique principal, on peut considérer qu'ils sont contemporains de ce dernier. Il en va probablement de même pour les charbons de bois et d'os trouvés dans la même position stratigraphique.

Ces considérations conduisent à réunir les enregistrements anthracologiques reconnus dans les trois unités et sous-unités 27a, 26 et 25 comme issus d'un même ensemble d'origine anthropique dont l'essentiel se trouve préservé dans l'unité 26. Ces données nous renseignent, d'une part, sur la nature des activités menées par l'homme et d'autre part, sur l'assemblage végétal à proximité du campement.

Interprétation environnementale

L'assemblage de charbons de bois résultant des activités humaines comprend donc l'épicéa, le pin, le bouleau et le saule accompagnés de restes de plantes herbacées, notamment de graminées. Un tel assemblage présente un caractère boréal mais peut aussi bien dériver de populations arbustives en fond de vallon, contexte qui pourrait éventuellement expliquer la présence des deux restes de frêne, essence de caractère plus tempéré, surtout rencontrée dans les contextes interglaciaires ou interstadiaires.

Combustibles et gestion du foyer

À Remicourt, il est clair que des ossements ou morceaux d'ossements ont été utilisés comme combustible par les occupants du site paléolithique. Cette observation corrobore celles que nous avons faites à maintes reprises à l'occasion d'analyses anthracologiques de sites paléolithiques dans le domaine loessique d'Europe centrale. De plus, une série d'expériences au préhistosite de Ramioul a montré l'excellente combustibilité du matériel osseux frais en mélange avec du bois mort (Damblon *et al.*, 1995 ; Costamagno *et al.*, 1998).

Par ailleurs, les expériences de Théry-Parisot ont montré que l'utilisation d'un combustible mixte de bois et d'os présente dans certaines conditions l'avantage de prolonger la durée de la combustion. Ainsi, la durée de combustion croît avec la proportion d'os mais décroît avec l'utilisation de bois mort (Théry-Parisot, 2001 ; 2002, p. 1418).

Par ailleurs, il est remarquable qu'environ les trois quarts de ces restes étaient du type spongieux, une observation *a priori* surprenante puisque la *spongiosa* représente la partie la plus fragile d'un os. Or, à Remicourt, une part largement majoritaire des restes carbonisés de bois et d'os se trouvait à l'état vitrifié et de petite dimension. De même, les restes carbonisés de plantes herbacées étaient vitrifiés. Ce type de carbonisation, qui induit une plus grande résistance du matériau, peut expliquer pourquoi la partie spongieuse des ossements a été conservée. Cet état des restes suggère aussi que ce matériel représente la part infime de matériel végétal et animal qui n'a pas été réduit en cendre, qui a résisté à toutes les étapes de l'évolution taphonomique et qui peut trouver son origine dans une utilisation de bois partiellement décomposé, probablement encore humide, et d'os non desséché[1]. Ces derniers étaient sans doute des déchets de consommation tandis que les premiers pouvaient provenir de déchets de travail du bois, activité documentée par la tracéologie (Jardón Giner, Bosquet, 1999) ou de la collecte de bois vert ou mort mais non encore sec. Il est également possible que la forte

1. La vitrification des charbons de bois est un phénomène dont l'origine reste mal connue. Selon les auteurs, les facteurs incidents, uniques ou combinés seraient : des températures de combustion élevées, une forte humidité du bois, des conditions de combustion anaérobies, une altération chimique du bois mort, des processus taphonomiques (Schweingruber, 1982 ; Thinon, 1992 ; Fabre, 1996 ; Tardy, 1998 ; Théry-Parisot, 2001).

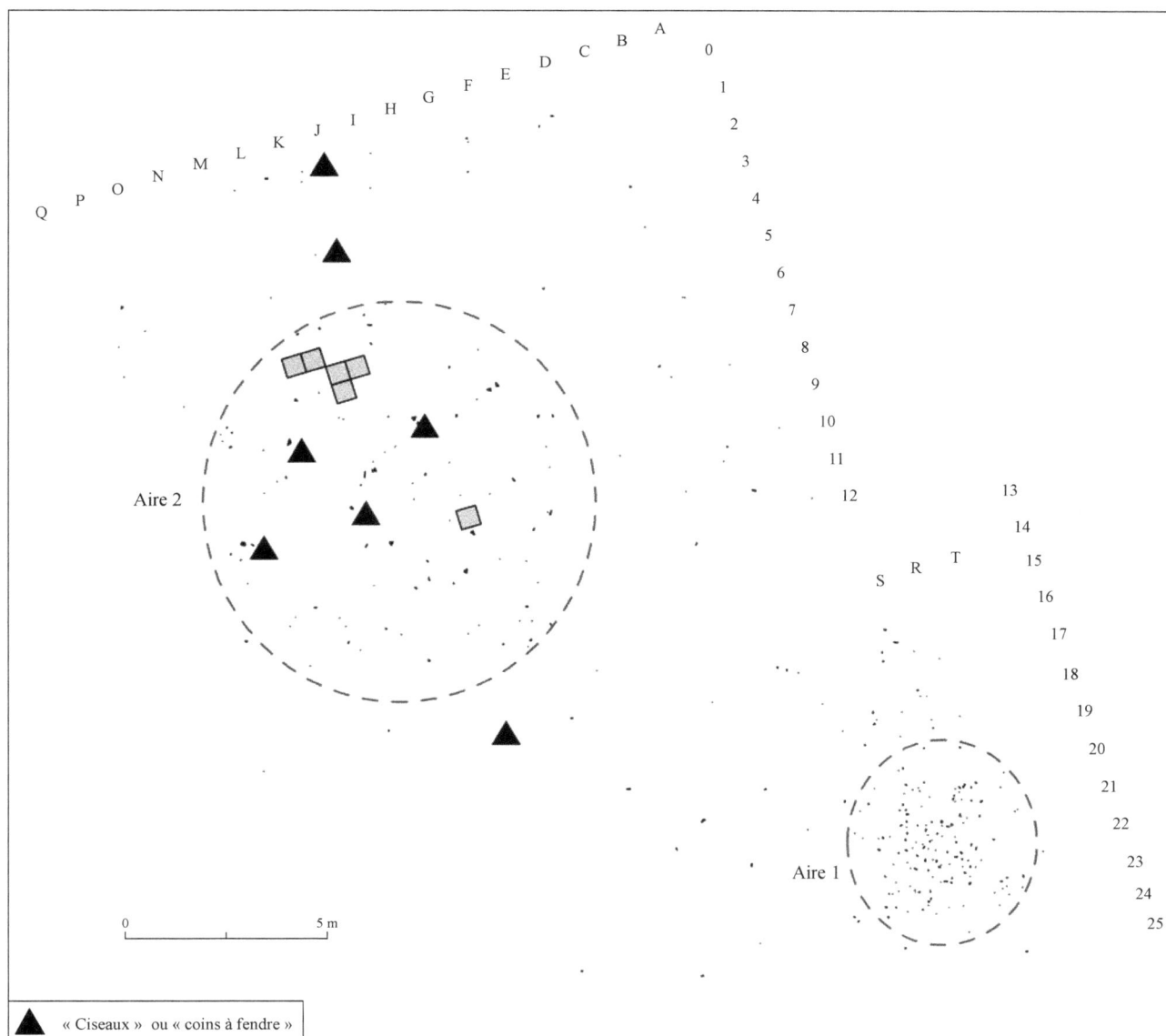

Fig. 5.14. Répartition planimétrique des coins à fendre par rapport aux carrés ayant livré les restes osseux (figurés en gris sur le plan).

représentation des restes d'os spongieux dans les assemblages anthracologiques de Remicourt découle d'une sélection de ce type de matériel pour alimenter les foyers. Comme l'ont montré Théry-Parisot et Costamagno (Théry-Parisot, Costamagno, 2005 ; Théry-Parisot *et al.*, 2005), « la présence d'os spongieux, en abondance, dans certains foyers préhistoriques plaide résolument en faveur d'une utilisation préférentielle de ces portions pour la combustion » (p. 246). De plus,

l'emploi d'os spongieux frais présente de nombreux avantages pour diverses activités domestiques (éclairage, séchage, fumage, cuisson, entretien du feu sur la longue durée) qui peuvent expliquer cette forte représentation des restes de *spongiosa*.

En résumé, l'état et les proportions des restes carbonisés sur le site paléolithique de Remicourt suggère l'utilisation d'un mélange de bois mort ou partiellement décomposé et d'ossements spongieux frais. Un tel mélange est interprété comme le résultat d'une stratégie consciente de gestion des foyers.

Dans ce cadre, la présence à proximité immédiate des restes carbonisés, d'outils qualifiés de ciseaux ou coins à fendre l'os ou le bois, n'est probablement pas anodine (fig. 5.14). Elle permet de formuler l'hypothèse selon laquelle l'aire 2 pourrait correspondre à un espace de traitement de carcasse(s) de grand(s) herbivore(s), comprenant notamment une étape de démembrement et/ou de fragmentation des os faisant intervenir les « ciseaux », dans le but d'en sélectionner les parties spongieuses, plus propices à la combustion. Notons à ce titre qu'une association spatiale entre des restes de faune brûlés et un outillage spécifique, dans ce cas des éclats à dos, a déjà été mise en évidence sur le site paléo-

lithique moyen de Beauvais « La Justice » (Locht, Patou-Mathis, 1998).

CONCLUSION

Obtenus sur un site qui n'a livré aucun reste de faune identifiable à la fouille, ces résultats illustrent de façon remarquable l'importance que revêt le prélèvement systématique de sédiments en milieu loessique réputé peu favorable à la conservation des matières organiques. Ils démontrent aussi de façon évidente la nécessité de mener à bien l'étude détaillée de ces échantillons en étroite collaboration avec les autres spécialistes impliqués dans l'étude et dans le cadre de problématiques archéologiques communes clairement définies. À Remicourt, la conservation assez exceptionnelle du gisement a ainsi pu être exploitée de façon optimale.

BIBLIOGRAPHIE

BOSQUET, D.; HAESAERTS, P. (dir.), avec la collaboration de DAMBLON, F.; DEFGNÉE, A.; FRECHEN, M.; HUS, J.; JADIN, I.; JARDÓN GINER, P.; JUVIGNÉ, É.; MESTDAGH, H.; PIRSON, S.; PREUD'HOMME, D.; ROUGIER, H.; RYSSAERT, C. (à paraître) – *Remicourt « En Bia Flo » I: site paléolithique moyen sur loess.* Namur. Ministère de la Région Wallonne, Études et Documents (Série Fouilles).

BOSQUET, D.; JARDÓN GINER, P.; JADIN, I. (2004) – L'industrie lithique du site Paléolithique moyen de Remicourt « En Bia Flo » (province de Liège, Belgique): technologie, tracéologie et analyse spatiale. In *Actes du XIVᵉ Congrès UISPP (Université de Liège, Belgique, 2-8 septembre 2001), Section 5, Le Paléolithique moyen, Session générale et posters.* Oxford : BAR Publishing. p. 257-274. (BAR International Series; 1239).

COSTAMAGNO, S.; GRIGGO, C.; MOURRE, V. (1998) – Approche expérimentale d'un problème

taphonomique: utilisation de combustible osseux au Paléolithique. *Préhistoire Européenne.* 13, p. 167-194.

COSTAMAGNO, S.; THÉRY-PARISOT, I.; BRUGAL, J.-P.; GUILBERT, R. (2005) – Taphonomic consequences of the use of bone as fuel. Experimental data and archaeological applications. In O'CONNOR, T., ed. – *Biosphere to Lithosphere: New studies in vertebrate taphonomy.* Proceedings of the 9th ICAZ Conferences (Durham, August 2002). Oxford: Oxbow Books. p. 51-62.

DAMBLON, F.; COLIN, F.; SEMAL, P. (1995, inédit) – *Expérience sur la carbonisation des bois et des ossements. Bruxelles, Centre de services et réseaux de recherche, Préhistoire et évolution de l'environnement au cours des derniers 100 000 ans dans la grande plaine européenne.* Rapport semestriel d'activité, p. 46.

DAMBLON, F.; HAESAERTS, P.; VAN DER PLICHT, J. (1996) – New datings and considerations on the chronology of Upper Palaeolithic sites in the Great Eurasiatic Plain. *Préhistoire Européenne.* 9, p. 177-231.

FABRE, L. (1996) – *Le charbonnage historique de la chênaie à* Quercus llex L.*: implications écologiques.* Thèse de doctorat. Montpellier: Université de Montpellier II. 2 vol., 446 p.

HAESAERTS, P.; MESTDAGH, H.; BOSQUET, D. (1999) – The sequence of Remicourt (Hesbaye Belgium): new insights of the pedo- and chronostratigraphy of the Rocourt soil. Bruxelles, Ministère des Affaires économiques. *Geologica Belgica.* 2, 1-2, p. 5-28.

JARDÓN GINER, P.; BOSQUET, D. (1999) – Étude tracéologique du site paléolithique moyen de Remicourt. *Notae Praehistoricae.* 19, p. 21-28.

LOCHT, J.-L.; PATOU-MATHIS, M. (1998) – Activités spécifiques pratiquées par des néandertaliens: le site de la Justice à Beauvais (Oise, France). In FACCHINI, F. *et al.* eds. – *Section 5. Lower Middle Palaeolithic.* Vol. 2. Actes du XIIIᵉ Congrès UISPP (Forlì, Italie, septembre 1996). Forlì: ABACO, p. 165-188.

SCHWEINGRUBER, F. H. (1982) – *Microscopic wood anatomy.* Flück-Wirth: Teufen.

TARDY, C. (1998) – Les paléoincendies. In VACHER S., dir. *Amérindiens du Sinnamary (Guyane): Archéologie en forêt équatoriale.* Paris: Maison des Sciences de l'Homme. 297 p. (Documents d'Archéologie Française; 70).

THÉRY-PARISOT, I. (2001) – *Économie des combustibles au Paléolithique. Expérimentation, anthracologie,* *Taphonomie.* Paris: CNRS Éditions. 196 p. (Dossiers de documentation archéologique; 20).

THÉRY-PARISOT, I. (2002) – Fuel management (bone and wood) during the lower Aurigniacian in the Pataud rock-shelter (Lower Palaeolithic, Les Eyzies de Tayac, Dordogne, France). Contribution of expérimentation. *Journal of Archaeological Science.* 29, p. 1415-1421.

THÉRY-PARISOT, I.; COSTAMAGNO, S. (2005) – Propriétés combustibles des ossements. Données expérimentales et réflexions archéologiques sur leur emploi dans les sites paléolithiques. *Gallia Préhistoire.* 47, p. 235-254.

THÉRY-PARISOT, I.; COSTAMAGNO, S.; BRUGAL, J.-P.; GUILBERT, R. (2005) – The use of bone as fuel during the Palaeolithic, experimental study of bone combustible properties. In MULVILLE, J.; OUTRAM, A., eds. – *The Archaeology of Milk and Fats.* Proceedings of the 9ᵗʰ ICAZ Conferences (Durham, August 2002). Oxford: Oxbow Book. p. 50-59.

THINON, M. (1992) – *L'analyse pédoanthracologique: aspects méthodologiques et applications.* Thèse ès-sciences, Aix-Marseille 3: Université de Provence. 317 p.

VAN VLIET-LANOË, B. (1986) – Le pédocomplexe du dernier interglaciaire (de 125000 à 75000 BP). Variations de faciès et signification paléoclimatique du sud de la Pologne à l'Ouest de la Bretagne. *Bulletin de l'AFEQ.* 25-26, p. 139-150.

VERMEERSCH, P. M. (2001) – Middle Paleolithic Settlements Patterns in West European Open-Air Sites: Possibilities & Problems. In CONARD, N. J. (éd.) – *Settlements Dynamics of the Middle Paleolithic & the Middle Stone Age.* Tübingen: Verlag, p. 395-417.

STRUCTURES DE COMBUSTION, CHOIX DES COMBUSTIBLES ET DEGRÉ DE MOBILITÉ DES GROUPES DANS LE PALÉOLITHIQUE MOYEN DU PROCHE-ORIENT (GROTTES DE KÉBARA ET D'HAYONIM, ISRAËL)

Liliane MEIGNEN*, Paul GOLDBERG**,
Rosa Maria ALBERT*** et Ofer BAR-YOSEF****

Abstract. In long archaeological sequences of Kebara and Hayonim caves (Israel), the Middle Paleolithic human occupations are characterized by many well preserved combustion features. Profiting from these favorable conditions, our research was thus focused on the role played by these « hearths » in human occupations. Initial detailed and systematic observations in the field, as well as later analyses in the laboratory (micromorphology, anthracology, phytolith analysis) have enabled us to identify the various types of structures related to combustion (*in situ* hearths, rake outs and cleaning), their degree of repetition/ frequency of use, their duration, as well as the fuels employed.

These data were then compared to the results obtained from the other fields of research, including lithic technology, exploitation of animal and vegetal resources, and seasonality. It is the integration of the entirety of these results that enables us to comprehend the types of occupation, function of the sites, as well as the degree of mobility of the groups within territory. In the case of the two chronologically distinct sites presented here, (Hayonim – Early Middle Paleolithic, and Kebara – Late Middle Paleolithic), these elements seem different, and the structures of combustion, as well as the choice of fuels, seem to reflect different patterns of occupation in these two caves.

Keywords. Fireplaces, fuel, site function, Middle Paleolithic, Near East.

Résumé. Dans les longues séquences archéologiques des grottes de Kébara et d'Hayonim (Israël), les niveaux d'occupation humaine du Paléolithique moyen se caractérisent par de nombreuses structures de combustion bien conservées. Profitant de ces conditions favorables, nos recherches se sont donc focalisées sur le rôle joué par ces « foyers » dans les occupations humaines. Observations minutieuses et systématiques sur le terrain tout d'abord, mais aussi études en laboratoire (micromorphologie, anthra cologie, analyse des phytolithes) ont permis d'identifier les différents types de structures liées à la combustion (foyers en place, rejets), leur répétitivité, leur durée de vie ainsi que les combustibles employés.

Ces données ont ensuite été confrontées aux résultats obtenus dans les autres domaines (gestion des outillages lithiques, exploitation des ressources animales et végétales, saisonnalité...). Et c'est l'intégration de l'ensemble de ces résultats qui nous a permis d'aborder les modes d'occupation, la fonction des sites ainsi que le degré de mobilité des groupes au sein du territoire. Dans le cas des deux sites ici présentés, chronologiquement distincts (Hayonim – débuts du Paléolithique moyen, et Kébara – Paléolithique moyen final), ces éléments semblent différents, et les structures de combustion ainsi que le choix des combustibles paraissent refléter les modes d'occupation des grottes étudiées.

Mots-clés. Structures de combustion, combustibles, fonction de site, Paléolithique moyen, Proche-Orient.

* CÉPAM, Université Nice Sophia-Antipolis, CNRS ; MSH de Nice, 250 rue Albert Einstein, bât 1, 06560 Valbonne, France, meignen@cepam.cnrs.fr.

** Department of Archaeology, Boston University, 675 Commonwealth Avenue, Boston, MA 02215, USA.

*** ICREA, Faculty of Geography and History, c/Montalegre, 6-8, 08001 Barcelone, Espagne.

**** Department of Anthropology, Peabody Museum, Harvard University, Cambridge, MA 02138, USA.

Si les études concernant les différentes structures liées à la combustion au Paléolithique, et en particulier celles portant sur l'identification des combustibles (Albert *et al.*, 1999 ; 2000 ; 2003 ; Madela *et al.*, 2002 ; Théry-Parisot, 2001 ; Théry-Parisot, Costamagno, 2005 ; Villa *et al.*, 2002), se sont largement développées ces dernières années, nous sommes loin encore de pouvoir identifier les fonctions des foyers préhistoriques (voir Wattez 2004). Sans doute parce qu'ils ont été le plus souvent polyvalents (= foyers domestiques), rendant donc l'identification de leur(s) fonction(s) difficile. Les indices qui pourraient être caractéristiques de chacune de ces utilisations sont alors « noyés » dans l'accumulation des déchets de combustion dus aux différents épisodes de fonctionnement. Seuls, sans doute, certains foyers au fonctionnement spécifique (foyers spécialisés pour des activités techniques, par ex. les foyers de fumage) ont alors une chance d'être reconnus.

Par contre, il semble bien que la densité des structures de combustion, leur intensité d'utilisation (usage permanent, répétitif, ou éphémère), leur localisation dans l'espace habité ainsi que l'organisation plus ou moins structurée des activités humaines autour de ces centres telle qu'observée en contexte ethnographique (Binford, 1978 ; 1998 ; Fisher, Strickland, 1991 ; Stevenson, 1991 ; Yellen, 1977) soient incontestablement le reflet des durées d'occupation. Les structures de combustion font ainsi partie intégrante des documents qui nous renseignent sur la nature des occupations, et donc, indirectement, sur la fonction des sites.

Il importe alors, pour chaque cas d'étude, d'intégrer les informations collectées sur les structures de combustion aux données fournies par d'autres disciplines, apportant, elles aussi, des éléments partiels sur le fonctionnement du site. Il nous faut rechercher les cohérences internes entre ces différentes sources pour en retrouver la logique et, ainsi, construire un schéma interprétatif basé sur l'ensemble de ces données.

C'est ce que nous avons entrepris dans les longues séquences du Paléolithique moyen de deux grottes du Proche-Orient, Hayonim (Paléolithique moyen ancien) et Kébara (Paléolithique moyen final), dont les remplissages sont composés, majoritairement, de sédiments d'origine anthropique, en particulier des résidus de combustion. De fait, les sites du Paléolithique moyen du Proche-Orient constituent un contexte particulièrement favorable pour traiter de ces problèmes car les activités de combustion semblent y avoir été intenses et, surtout, les conditions de conservation favorables (Goldberg, 2003 ; Meignen *et al.*, 1989 ; 2001 ; sous presse).

Ces recherches ont été effectuées dans le cadre d'un long programme de recherches interdisciplinaires menées sur le terrain par des chercheurs israéliens, français et américains principalement entre 1982 et 2001 (Bar-Yosef *et al.*, 1992 ; 2005). Dans ce contexte, les observations de terrain concernant les structures de combustion et leur localisation dans l'espace habité ont été confrontées à des analyses micromorphologiques (Courty, Goldberg, Macphail, 1989 ; Goldberg, Macphail, 2006 ; Meignen *et al.*, sous presse), qui ont permis de reconnaître la dynamique de fonctionnement des foyers et des structures qui en dérivent ; elles ont été complétées par des analyses paléobotaniques (étude des charbons de bois et des phytolithes) visant à identifier les combustibles utilisés (Baruch *et al.*, 1992 ; Albert *et al.*, 2000 ; 2003). L'ensemble de ces résultats a ensuite été mis en relation avec les données concernant l'organisation spatiale des sites et les stratégies de subsistance *s.l.* (techno-économie des outillages lithiques ; acquisition et traitement des ressources animales) (Meignen *et al.*, 2005 ; Stiner, 2005). C'est la confrontation de l'ensemble de ces données qui a permis de caractériser les types d'occupations, de discuter du statut des sites dans le territoire et du degré de mobilité des groupes humains qui ont fréquenté ces deux grottes.

LA GROTTE DE KÉBARA

La grotte de Kébara, située sur le Mont Carmel, présente une longue séquence d'occupations, du Paléolithique moyen à l'âge du Bronze. Les dépôts du Paléolithique moyen, étudiés ici, se développent sur une séquence de plus de 4 m d'épaisseur, datés globalement entre 60 et 49 000 ans (Bar-Yosef *et al.*, 1992 ; Valladas *et al.*, 1987). Ils sont constitués de sédiments majoritairement liés aux activités anthropiques au sein desquels de très nombreuses structures de combustion, imbriquées et superposées, sont aisément identifiables sur plusieurs mètres dans la coupe ouest (fig. 6.1) (Goldberg, Bar-Yosef, 1998 ; Meignen *et al.*, 1989 ; 2001). Ces dernières sont présentes sur une large surface dans les différents niveaux d'occupation. Cette abondance de structures de combustion a permis d'en distinguer différents types dès le stade du terrain (sur les coupes et en décapage), qui ont ensuite été caractérisés en lames minces (Meignen *et al.*, sous presse).

Les formes les plus fréquentes sont des foyers de 30-60 cm de diamètre, 8-15 cm d'épaisseur, qui présentent systématiquement la même succession

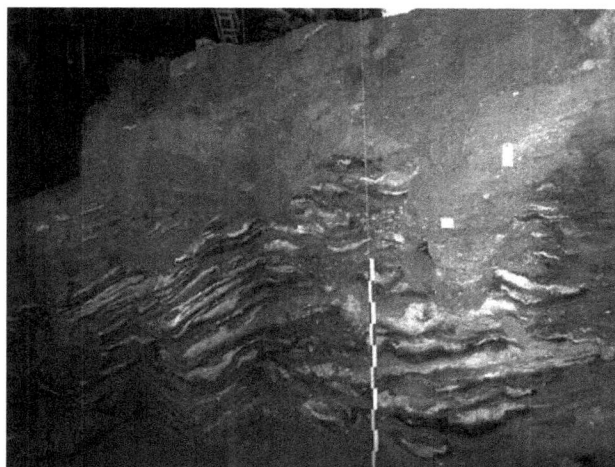

Fig. 6.1. Grotte de Kébara, coupe ouest, superpositions de nombreuses structures de combustion dans les unités IX à VII, qui apparaissent, en section, sous la forme de grandes lentilles montrant l'alternance de niveaux brun noir riches en matières organiques et charbons de bois et de niveaux blanc-crème constitués de cendres. Dans la partie supérieure, les structures sont perturbées soit par érosion/étalement par eau (en haut à droite de la photo), soit par des bioturbations. Le pendage général est dû à un phénomène de soutirage.

de dépôts (fig. 6.1, 6.3 et 6.4) : un niveau brun noir charbonneux, riche en matière organique, auquel se superpose un niveau de cendres blanches, ou colorées en jaune orangé, bien conservées, souvent consolidées par les phosphates (= unité active, Wattez, 2004). À la base de ces structures, la surface sous-jacente porte fréquemment les traces d'une altération thermique (Courty, Goldberg, Mac Phail, 1989 ; Wattez, 2004). En plan, ces foyers apparaissent comme une zone blanche, cendreuse, entourée d'un « halo » de sédiments brun noir (fig. 6.2a et b). Le niveau noir contient de nombreux fragments de charbons de bois identifiables, ainsi que de nombreuses graines carbonisées exceptionnellement bien conservées (Lev *et al.*, 2005). L'agencement observé ainsi que les contours nets de ces structures attestent les combustions réalisées sur place. Ces foyers rarement isolés (fig. 6.2b) sont le plus souvent partiellement superposés, imbriqués

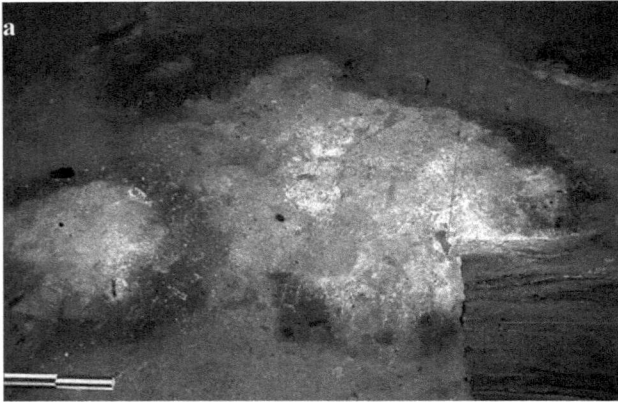

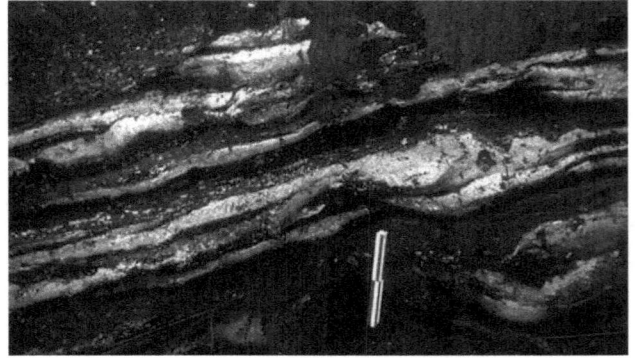

Fig. 6.3. Grotte de Kébara, coupe ouest dans le sondage, foyers à plat et foyers en cuvette, en section.

Fig. 6.2a et b. Grotte de Kébara, foyers imbriqués et foyer isolé, en décapage (auréole brun noir = matières organiques et charbons de bois ; zone centrale = cendres blanches plus ou moins consolidées et colorées par les phosphates).

présentant, à la base, une altération thermique du niveau sous-jacent (changement de couleur et de structure microscopique des sédiments). La fouille minutieuse de ces structures démontre qu'à chaque épisode de combustion, le foyer n'occupe que partiellement la surface de la cuvette. Ces dépôts attestent la permanence d'activités de combustion à un même endroit et traduisent donc, sans doute, une organisation de l'espace habité plus marquée que dans les exemples précédents.

les uns dans les autres, témoignant de la fréquence des activités de combustion. Généralement établis directement sur le sol, à plat, sans aménagement particulier, ils peuvent aussi parfois être creusés (foyers en cuvette) (fig. 6.3).

Il existe également quelques foyers de grandes dimensions et plus épais (diamètre > 100 cm, épaisseur de l'ordre de 20-30 cm, jusqu'à 45 cm) (fig. 6.4). Beaucoup plus rares mais aussi plus complexes, ils correspondent à la superposition de différents longs épisodes de combustions (fortes épaisseurs de cendres blanches alternant avec de plus minces niveaux charbonneux). Ces foyers sont installés dans de grandes dépressions

Par ailleurs, ont été identifiées des structures liées à la combustion correspondant à un remaniement anthropique de foyers antérieurs. Ainsi, de nombreuses aires d'évacuation des produits de combustion sont identifiables sur le terrain sous la forme d'un mélange de sédiments gris cendreux, de fragments de charbons de bois et de fragments de cendres blanches consolidées. Elles sont systématiquement localisées à proximité immédiate de foyers. À l'échelle macroscopique, l'ensemble est non lité, non organisé, et se distingue donc aisément des structures de combustion remaniées par l'eau, une détermination confirmée par l'examen en lames minces (absence de granoclassement, porosité marquée). Ces « rejets » latéraux pourraient correspondre soit à des foyers « perturbés »

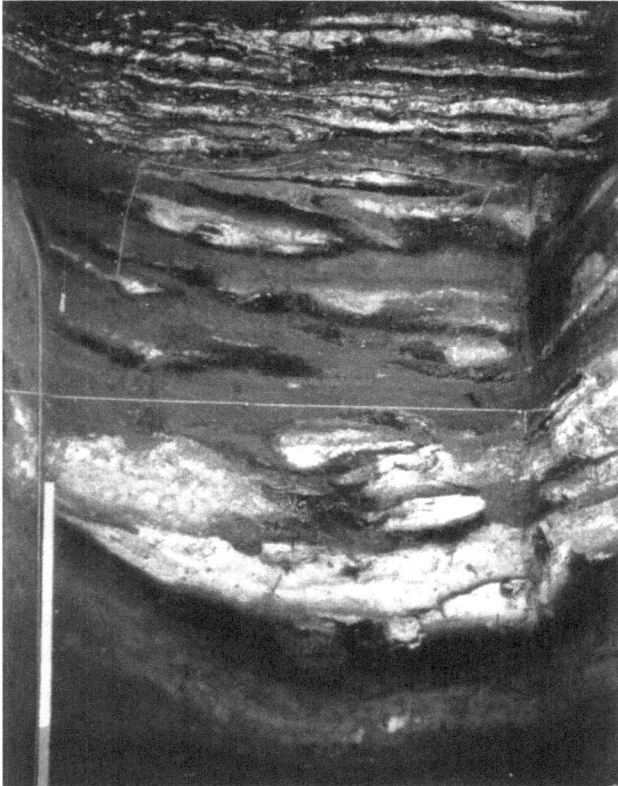

Fig. 6.4. Grotte de Kébara, coupe sud dans le sondage, grande structure montrant la succession de plusieurs longs épisodes de combustion installés dans une large dépression d'un diamètre supérieur à 1 m.

Fig. 6.5. Grotte de Kébara, secteur nord-est, vue en coupe d'une épaisse accumulation de cendres blanches sur 90 cm d'épaisseur ; cette lentille a été recoupée par les fouilles antérieures. Elle est en continuité, dans la partie droite de la photo, avec un niveau de rejets très riche en ossements.

intentionnellement pour la récupération de nourriture cuite sous braises (des noix, tubercules) (cf. Binford 1983 ; Palmer 2002 ; Yellen 1977), soit à des curages de la zone de combustion.

Localement, vers la zone de « dépotoir » située au nord de la fouille, à proximité de la paroi, ont été identifiées d'importantes accumulations de résidus de combustion sur des sols non altérés par le feu correspondant fort probablement à des aires de rejets. La superposition de nombreux petits niveaux gris argileux cendreux très riches en déchets (osseux et lithiques), de quelques centimètres d'épaisseur, parfois interstratifiés avec des reliquats de minces foyers, semble indiquer le nettoyage

répétitif de surfaces d'occupations situées exactement à la limite entre la zone d'activités (restes de foyers en place, activités de débitage et activités de boucherie) et la zone de rejet de déchets contre la paroi nord (cf. *infra*). Le phénomène est observé sur plus d'un mètre d'épaisseur (unités VII et VIII). Les lames minces réalisées dans ces niveaux indiquent clairement que ces résidus de combustion (un mélange de cendres, silex et restes osseux) ne correspondent pas à une combustion sur place. Une mise en place par l'eau est également à exclure en l'absence de granoclassement de tous ces résidus. Ces dépôts correspondraient donc, fort probablement, à des zones d'évacuation situées juste à la périphérie des zones de foyers (cf. *infra*).

Dans le même registre, une exceptionnelle accumulation de cendres blanches, finement litées, sur 90 cm d'épaisseur, a été observée dans le secteur proche de la paroi (fig. 6.5). L'absence de traces d'altération par le feu dans les niveaux sous-jacents témoigne d'un déplacement de résidus de combustion spécifiques (seulement les cendres), loin de leur lieu de formation. En lames minces, ces cendres présentent une structure finement laminée, mais les éléments constitutifs non triés et la matrice poreuse suggèrent une mise en place « aérienne », par simple rejet. Cependant, il semble qu'un phénomène peu intense d'étalement par l'eau ait également été actif, de façon concomitante, qui serait responsable du fin litage et de la présence de très minces niveaux d'argile rouge (terra rossa) provenant fort probablement de faibles ruissellements le long de la paroi (pour plus de détails, voir descriptions in Goldberg et al., sous presse). L'interprétation d'un tel comportement de rejet nous échappe, mais, en tout cas, la formation périodique de petits niveaux phosphatés dans cette accumulation (observés en lumière aux ultra-violets sur le terrain et en lames minces), indique de brefs arrêts dans la « sédimentation ». Cette épaisse lentille de cendres ne résulte donc pas d'un épisode unique de rejet, mais bien d'une série de dépôts successifs. Cette observation implique donc une continuité dans les comportements, quelles qu'en soient les motivations (utilisation locale de cendres blanches ? encore tièdes ? nettoyage de la surface d'habitat où se trouvent les foyers et rejet contre paroi ?).

Comme nous venons de le voir sur ces quelques exemples, l'étude micromorphologique des nombreux échantillons prélevés (travaux P. Goldberg) a permis d'établir les caractéristiques de ces différents types de structure et la dynamique de leur formation : foyers en place, simples déplacements latéraux, rejets à proximité ou à distance des foyers…

En ce qui concerne les activités humaines, ces études fines ont en particulier montré que, même là où à l'œil nu, un seul foyer était identifié, plusieurs épisodes de combustion étaient souvent reconnaissables à l'échelle microscopique (fig. 6.6 ; épaisseur de la lame : 6,5 cm). Combiné avec les observations de terrain, cet élément confirme donc l'existence de nombreux épisodes de combustion superposés, traduisant sans aucun doute une intense occupation de la grotte durant le Paléolithique moyen.

Les études micromorphologiques ont permis également d'identifier les phénomènes post-dépositionnels qui ont altéré les structures de combustion (piétinements, bioturbations, remaniement par l'eau, diagenèse/phosphatisation) (voir descriptions in Meignen et al., sous presse) et qui peuvent donc expliquer leur destruction partielle selon les secteurs de la grotte et les niveaux. Ont ainsi été observés, dans certaines zones, en particulier dans la partie supérieure de la séquence moustérienne (unité VI), des remaniements par l'eau (véritables érosions ou simples étalements) qui sont aisément reconnaissables par le ré-agencement des différents résidus de combustion en lits/lamines plus ou moins nets et par un granoclassement plus ou moins marqué des éléments constitutifs (voir fig. 6.1).

Les observations de terrain et les études en lames minces ont également permis de mettre en évidence les perturbations dues aux effets mécaniques du piétinement (perte de l'organisation originelle des résidus de combustion ; porosité faible) (fig. 6.7). Il

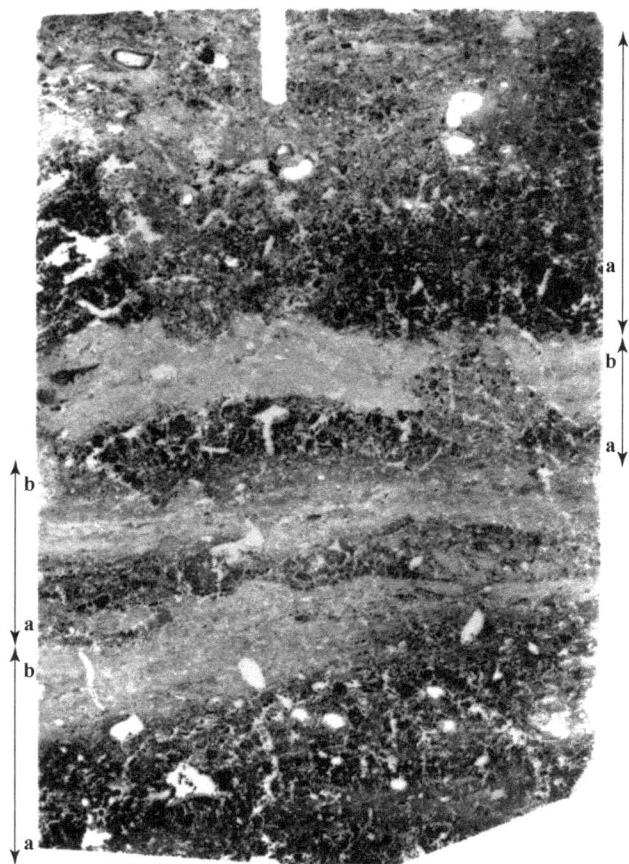

Fig. 6.6. Kébara, lame mince montrant, en section, la succession de différents petits épisodes de combustion, chacun caractérisé par le doublon « niveau noir/matières organiques (a) + niveau blanc crème/cendres (b) ». Épaisseur de la lame = 6,5 cm.

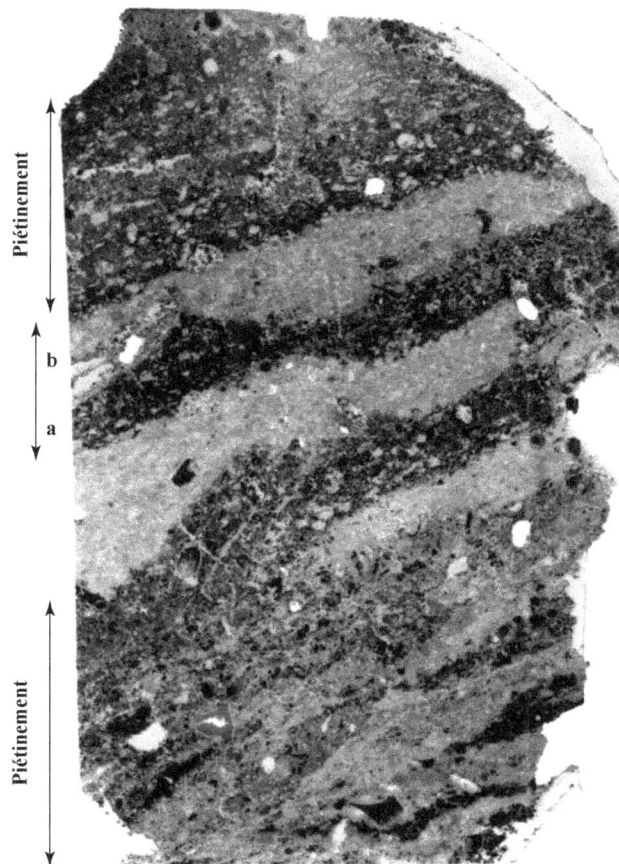

Fig. 6.7. Kébara, lame mince montrant en section, l'alternance d'un petit niveau de combustion non perturbé [au centre, doublon noir (a) et blanc (b)], avec de petits niveaux ayant subi les altérations mécaniques du piétinement (parties inférieure et supérieure de la photo).

est à noter que les épisodes de piétinement, même s'ils sont fréquents, semblent avoir altéré uniquement la partie supérieure des foyers (niveaux de cendres blanches partiellement tronqués), sans que la structure elle-même (niveaux noirs + niveaux blancs) ne soit complètement détruite. Une telle constatation indique donc que le recouvrement par de nouvelles structures de combustion a été suffisamment rapide pour en empêcher leur destruction totale. On peut également en déduire des temps d'abandon de la grotte suffisamment courts pour que les agents météoriques n'aient pas eu le temps de détruire les structures. Il est évident que cet état

de préservation a été facilité par l'épaisseur des foyers précédemment décrits.

L'abondance des structures de combustion dans la zone centrale de la grotte, et plus spécialement leur imbrication, ont rendu difficile l'identification de relations spatiales entre chaque foyer et les traces des activités qui se sont déroulées à proximité. Il semble, comme le montrent les perturbations dues aux piétinements observées en partie supérieure des foyers *(cf. supra)*, que les aires de combustion aient fréquemment évolué en zone de circulation. Cela signifie donc que durant les longues occupations

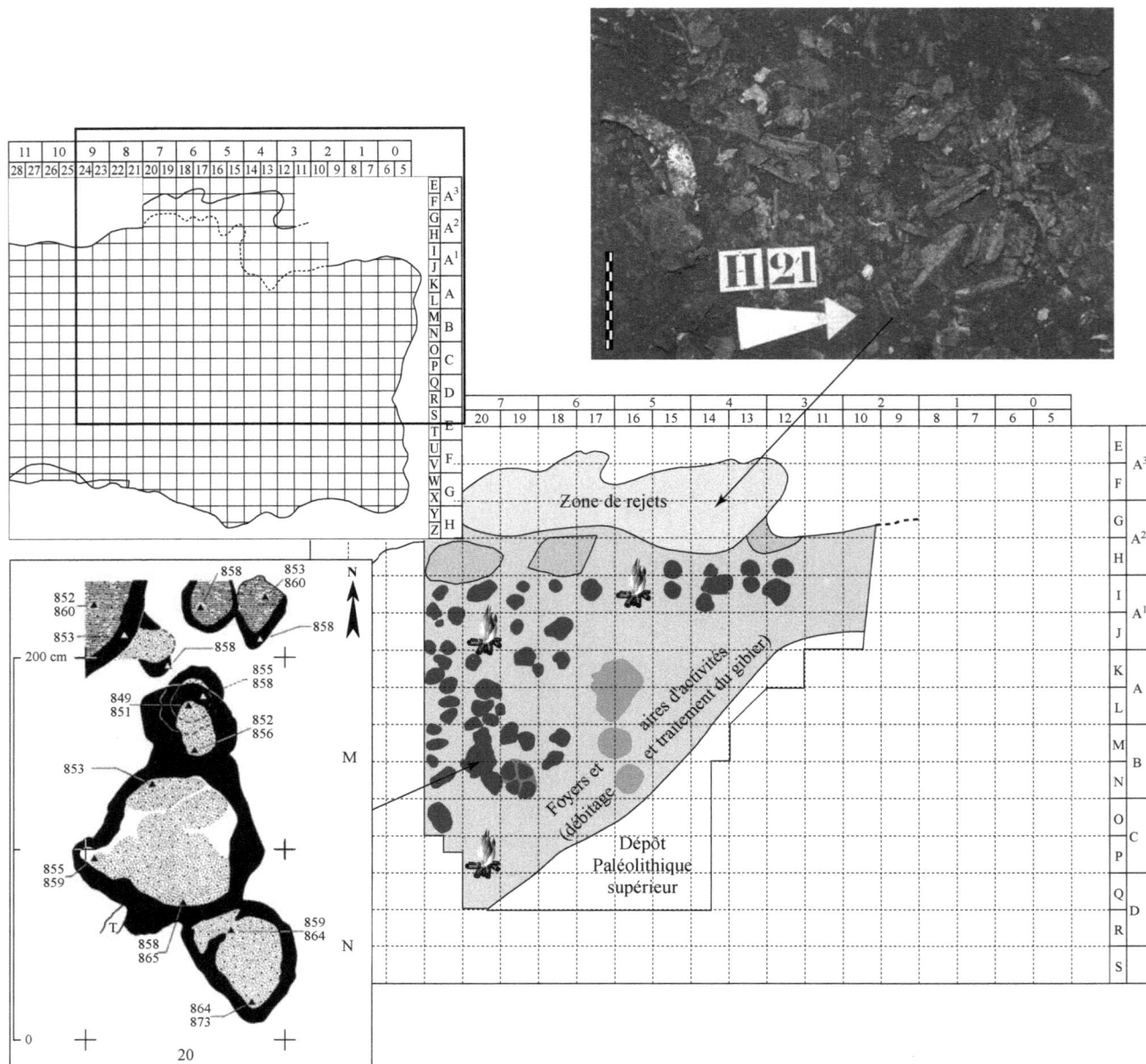

Fig. 6.8. Grotte de Kébara, schéma synthétique de l'organisation spatiale observée dans les niveaux IX-XI montrant une zone « dépotoir » contre la paroi nord (contenant de très nombreux déchets lithiques et osseux) s'opposant à une zone centrale où se trouvent les structures de combustion et se déroulent les activités de production/consommation.

(ou lors de nouvelles occupations) les foyers étaient latéralement déplacés, installés dans une zone proche sous l'influence de probables facteurs extérieurs (ensoleillement, vent…) et/ou humains difficiles à évaluer. Une telle mobilité dans les installations successives sur des laps de temps courts est connue et décrite chez les chasseurs-cueilleurs nomades actuels, en particulier par Binford (1983),

dont le résultat est bien évidemment un effacement de la structuration spatiale fine (superposition des différentes organisations « ponctuelles »). Il est fort probable qu'un tel processus ait fonctionné lors des occupations intenses de Kébara. Compte tenu de la large surface disponible dans la grotte (plus de 300 m^2), on peut également supposer la présence de plusieurs « unités familiales » dont les instal-

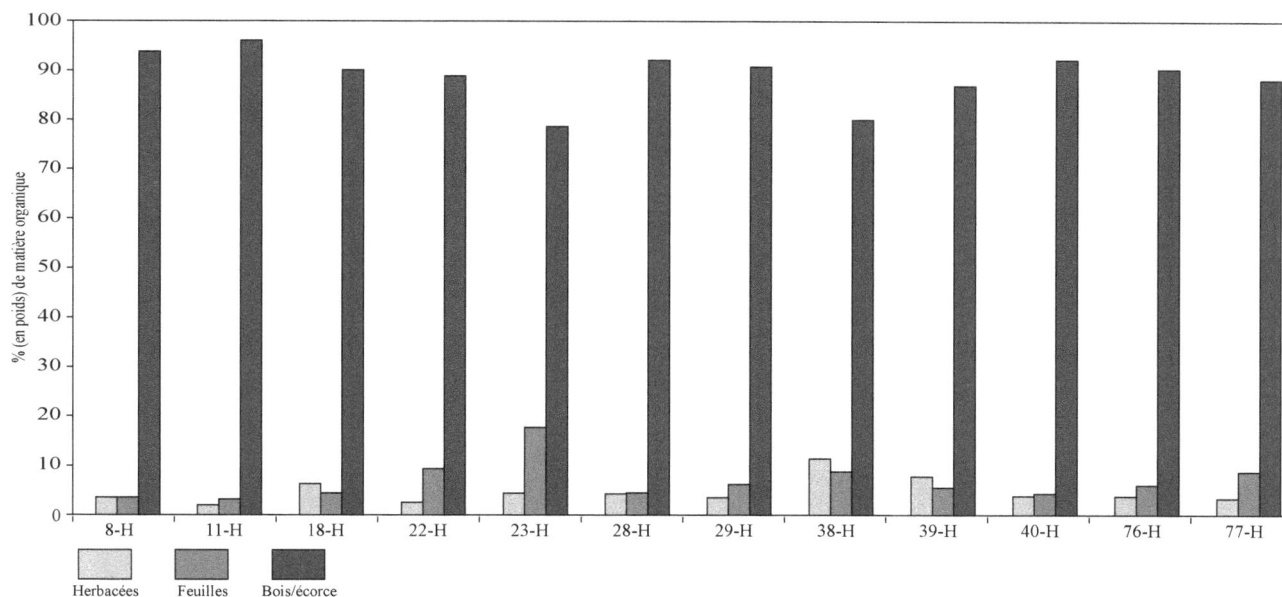

Fig. 6.9. Kébara, histogramme représentant les proportions de phytolithes d'herbacées, de feuilles et de bois/écorce dans les différents niveaux moustériens de Kébara (d'après Albert *et al.*, sous presse, modifié).

lations pouvaient se superposer partiellement lors des différents épisodes d'occupation. Combinés avec des conditions de conservation favorables, ces différents éléments pourraient expliquer l'étonnante imbrication des structures liées à la combustion, sans que l'on ait à faire appel à l'hypothèse d'activités spécialisées nécessitant une utilisation intense du feu comme nous l'avions envisagé au début de nos travaux.

Cependant, une organisation spatiale globale, qui se répète sur de longues périodes, puisqu'elle est présente dans les unités XI à IX, a pu être reconnue. Dans ces niveaux, les nombreuses structures de combustion en place sont nettement localisées dans la zone centrale, là où se sont tenues également les activités de débitage et de subsistance, tandis qu'elles sont totalement absentes d'une large zone nord, contre paroi où se trouvent tous les rejets de gros éléments (lithiques et osseux) (fig. 6.8). Cette situation ne résulte pas de processus post-dépositionnels comme l'ont montré les études

taphonomiques (Weiner *et al.*, 1993). Les référentiels ethnographiques indiquent que, dans de nombreux groupes de chasseurs-cueilleurs actuels, les déchets de petites dimensions sont souvent laissés dans les zones d'activités tandis que ceux de plus grands calibres sont rejetés à la périphérie de l'espace habité (Binford, 1983 ; O'Connell *et al.*, 1991 ; Stevenson, 1991). Le phénomène est d'autant plus développé que les durées d'occupation se prolongent. Les résultats obtenus dans les niveaux de Kébara suggèrent donc des occupations humaines répétitives, d'assez longues durées.

Les études paléobotaniques, et en particulier, l'étude des phytolithes (Albert *et al.*, 2000) ont montré que les bois et écorces constituaient le principal combustible utilisé, comme dans la plupart des autres sites du Paléolithique moyen (fig. 6.9). Les charbons, nombreux et en bon état de conservation, indiquent l'utilisation des chênes principalement (*Quercus calliprinos, Quercus ithaburensis*), une végétation proche de celle encore installée actuellement sur les pentes du Mont Carmel (Baruch *et al.*, 1992).

De l'ensemble de ces résultats, on peut donc déduire des retours fréquents des groupes humains sur le site, des activités de combustion intenses et répétitives, produisant des dépôts de cendres suffisamment épais pour que les structures ne soient pas totalement détruites par les nouvelles occupations.

Ces données concernant les activités de combustion ont ensuite été confrontées aux données contextuelles disponibles en focalisant notre intérêt, à titre d'exemple, sur les unités IX-X. Les densités de matériel lithique et de restes osseux sont très fortes (en moyenne 1 000 à 1 200 pièces de longueur > 2 cm par m³; volume de sédiments déposé en 1 500 ans environ, valeur estimée à partir des âges TL), indiquant donc des occupations importantes sur de probables longues périodes. Les données concernant la faune (Speth, Tchernov, 2001 ; sous presse) ainsi que l'étude des nombreuses graines/ fruits carbonisés récoltés dans la grotte (Lev *et al.*, 2005) confirment cette hypothèse. En effet les études de saisonnalité suggèrent des occupations qui se déroulaient sur la fin de l'automne, l'hiver et le début du printemps, même s'il est évidemment difficile d'en démontrer la continuité.

Un transport différentiel en fonction de la taille des carcasses des animaux chassés (Gazelle, Daim, Aurochs) ainsi que des activités intenses de boucherie (Speth, Tchernov, 1998; 2001; sous presse) suggèrent que la grotte a fonctionné comme un camp de base dans lequel se déroulaient les activités de traitement et de consommation des gibiers. Cette hypothèse est confirmée par les études lithiques. Les activités de production et de maintenance

des outillages ont été réalisées sur place (Meignen, Bar-Yosef, 1991 ; 1992 ; Meignen *et al.*, 2005). Au sein des activités diversifiées mises en évidence sur le site (Meignen *et al.*, 1998), la boucherie (désarticulation, découpe) occupe une place prépondérante, comme le montrent, à la fois, les études fonctionnelles et les traces laissées sur les os (Beyries, en prép. ; Meignen *et al.*, 1998 ; Plisson, Beyries 1998 ; Shea, 1991 ; Speth, Tchernov 2001).

Enfin, comme signalé précédemment, une organisation spatiale des activités se répète d'un niveau à l'autre, avec semble-t-il, comme l'a démontré J. Speth (2005), un « nettoyage » partiel de la zone centrale dans laquelle les activités se tiennent principalement. Ce comportement se traduit par le rejet des gros objets (lithiques et osseux) vers la paroi nord, par des concentrations d'os limitées dans la zone centrale, et par de plus fortes proportions d'os brûlés contre paroi alors que les foyers sont installés dans la zone centrale. Tous ces éléments semblent indiquer que la grotte de Kébara, au niveau des unités IX et X, a fonctionné comme campement principal, siège d'activités intenses et diversifiées. Les occupations relativement longues et répétitives se développaient sur plusieurs saisons (même si l'on ne peut garantir qu'elles étaient consécutives).

Les activités de combustion intenses, la diversité des structures liées à la combustion sont cohérentes avec un tel schéma montrant des temps d'occupation suffisamment longs pour que l'espace habité porte trace d'organisation. En effet, les études ethnographiques montrent que la complexité de l'organisation spatiale des activités est directement liée aux temps d'occupation, bien marquée dans les campements résidentiels du système logistique par exemple (Binford, 1983 ; O'Connell, 1987).

LA GROTTE D'HAYONIM

La grotte d'Hayonim est localisée sur les collines de Galilée occidentale, à l'est de Saint Jean d'Acre. La séquence moustérienne (couches E et F) qui s'y développe sur plus de 3 m d'épaisseur, est datée de 230 à 160 000 ans environ (Mercier *et al.*, 2007).

Dans la couche E, les sédiments, majoritairement constitués de cendres sur une épaisseur importante, attestent là aussi les activités de combustion largement représentées. Mais les structures sont moins évidentes que dans les niveaux moustériens de Kébara.

Tout d'abord, leur identification n'a été possible que dans certaines zones, variables selon les niveaux. En effet, les études minéralogiques réalisées dans la grotte ont montré que des processus post-dépositionnels (en particulier diagénétiques) avaient affecté le remplissage de façon différentielle (Weiner *et al.*, 2002), entraînant la disparition au moins partielle de certains foyers. Par ailleurs, dans les secteurs et niveaux où les structures sont encore identifiables, les observations de terrain, ainsi que l'examen des lames minces, montrent une superposition de niveaux de combustion beaucoup moins épais qu'à Kébara, d'épaisseur généralement centimétrique (quelques centimètres) (fig. 6.10). Ils sont structurés et présentent les caractéristiques des combustions en place décrites à Kébara, c'est-à-dire l'existence de niveaux brun noir charbonneux (souvent très minces) auxquels se superposent les niveaux blancs cendreux, sans trace de granoclassement. Leur faible épaisseur n'est pas la conséquence de phénomènes de diagenèse puisque les études minéralogiques réalisées dans ces niveaux indiquent un milieu favorable à la conservation des cendres (minéraux dominants : calcite/dahllite) (Weiner *et al.*, 2002).

Par contre, il semble que la diversité des structures de combustion rencontrée dans les niveaux moustériens de Kébara ne soit pas de règle ici. À la fouille, dans quelques secteurs, ont bien été reconnus des petits foyers, peu épais (fig. 6.11), ainsi qu'un grand foyer dans la zone nord. Mais le plus souvent, les structures de combustion apparaissent au décapage comme de grandes tâches de cendres

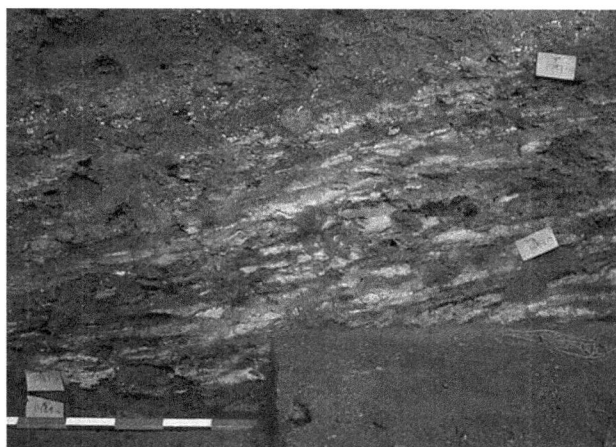

Fig. 6.10. Grotte d'Hayonim, coupe nord, coupe montrant la superposition des niveaux de foyers peu épais et altérés par les phénomènes post-dépositionnels.

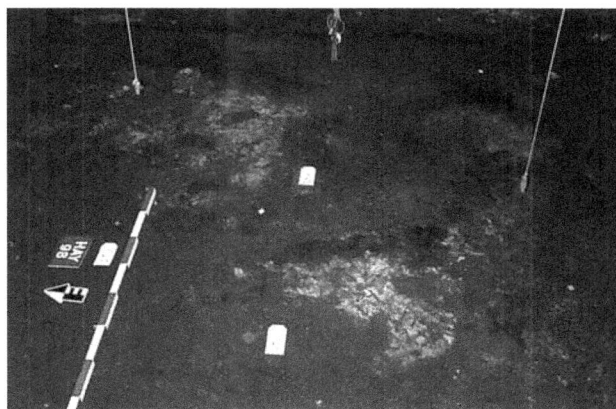

Fig. 6.11. Grotte d'Hayonim, décapage montrant les zones de foyers peu épais altérés par les phénomènes post-dépositionnels (principalement les piétinements et les bioturbations animales).

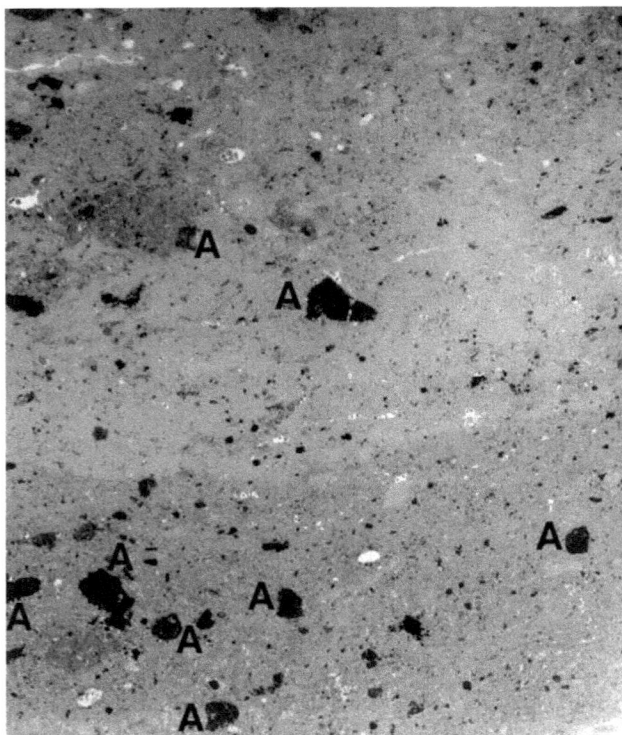

Fig. 6.12. Hayonim, lame mince montrant la présence de nombreuses petites boulettes d'argile rouge cuite (marquées par A) dans un niveau de cendres blanches.

blanches ou de sédiments charbonneux noirs difficiles à délimiter. Ce phénomène est à mettre en relation avec les faibles épaisseurs de ces foyers et sans doute, également, avec des perturbations post-dépositionnelles. Ce dernier point est confirmé par l'étude des lames minces qui montrent l'impact important des phénomènes de piétinement et de bioturbations. Ces processus aboutissent à une perte de structure, une homogénéisation des sédiments qui résultent du mélange des différents constituants (cendres, micro-charbons, micro-restes osseux). L'essentiel du remplissage est ainsi constitué de ces sédiments anthropiques « homogénéisés ». Par ailleurs, dans toutes ces zones de combustion (zones homogénéisées, aussi bien que foyers) sont présentes des boulettes d'argile rouge cuite (*terra rossa*), observables aussi bien à l'œil nu qu'en lames minces (fig. 6.12). L'ensemble de ces éléments semble indi-

quer des épisodes de combustion d'assez faibles durées. Les foyers, peu épais, ont sans aucun doute été particulièrement sensibles à la destruction par les occupations ultérieures et/ou les bioturbations.

Des études paléobotaniques ont été entreprises afin d'obtenir des informations complémentaires, sur les combustibles et leur collecte en particulier. Les charbons de bois ne sont présents que sous forme de micro-charbons observés en lames minces, difficilement déterminables. En revanche, l'étude des phytolithes montre que les assemblages déterminés sont très différents de ceux décrits dans les autres sites moustériens du Proche-Orient (Albert *et al.*, 1999 ; 2000 ; Madella *et al.*, 2002), et en particulier à Kébara : dans la plupart des foyers échantillonnés, les phytolithes provenant de feuilles de dicotylédones sont largement représentés aux côtés de ceux issus de bois ou d'écorce (fig. 6.13). Cette combinaison particulière, pour la première fois rencontrée dans un contexte paléolithique, serait le résultat d'une utilisation de buissons et de branchages comme combustible (Albert *et al.*, 2003). Elle correspondrait à une collecte non sélective du « tout-venant » disponible dans l'environnement immédiat de la grotte. Cette hypothèse se voit confortée par la présence des boulettes d'argile rouge cuite dont la présence assez systématique dans les foyers (cf. *supra*) pourrait s'expliquer par l'arrachage de buissons qui poussent sur la « *terra rossa* » (argile de décalcification formée à partir des calcaires) présente tout autour de la grotte. Ce comportement traduirait une faible exigence en terme de qualité/efficacité des combustibles collectés. Les exigences n'étaient en tout cas pas suffisantes pour justifier une recherche de matériaux plus intéressants (bois/écorce), en particulier s'ils n'étaient pas disponibles dans l'environnement proche de la grotte.

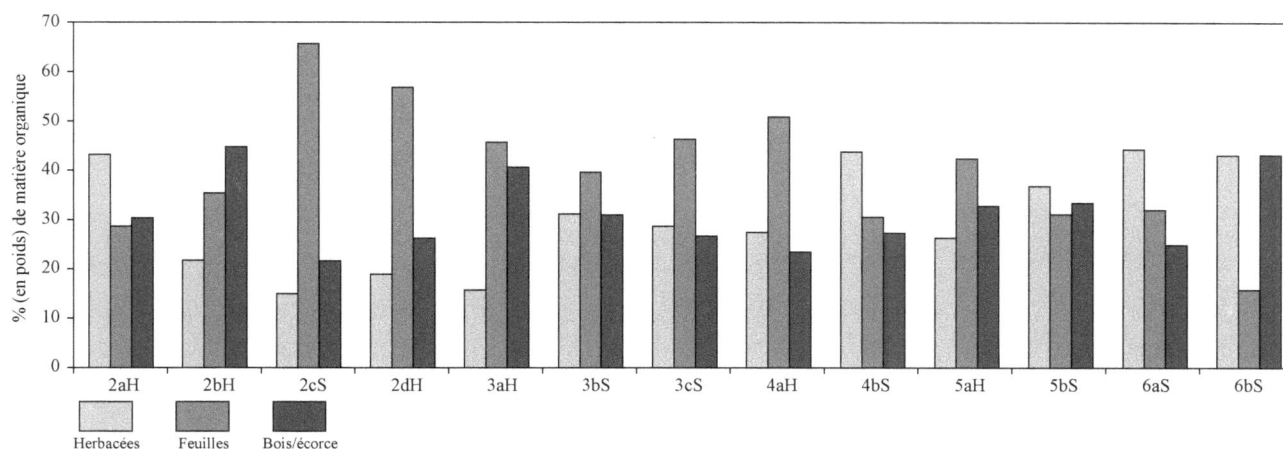

Fig. 6.13. Hayonim, histogramme représentant les proportions de phytolithes d'herbacées, de feuilles et de bois/écorce dans les niveaux moustériens d'Hayonim (d'après Albert *et al.*, 2003, modifié).

Les nombreuses données contextuelles dont nous disposons actuellement permettent d'intégrer ces données comportementales dans un contexte plus large. Dans les niveaux moustériens d'Hayonim couche E, les densités d'occupation sont faibles comme le montrent les faibles quantités d'outillages, un matériau non affecté par les problèmes de conservation (une moyenne de 300 pièces de longueur > 2 cm par m^3, volume de sédiments déposé en 10-15 000 ans.)

Tout comme à Kébara, par contre, la production et l'utilisation des outillages lithiques ont été effectuées sur place dans la grotte (Meignen *et al.*, 2005). Les études de faune (Stiner 2005) indiquent une chasse focalisée sur quelques Ongulés (Gazelle, Daim de Mésopotamie) et de faibles effectifs d'animaux tués. L'ensemble de ces données convergent vers l'hypothèse d'occupations brèves et/ou de groupes aux faibles effectifs. L'acquisition de combustibles de façon opportuniste, comme nous l'avons décrit précédemment, semble aller de pair avec des installations de courte durée qui entraînent de plus faibles exigences en termes de besoins énergétiques (Théry-Parisot, Costamagno 2005).

La grotte d'Hayonim apparaît, ainsi, comme un campement résidentiel où se déroulaient toutes les activités de production et consommation mais fréquenté seulement durant des laps de temps assez courts. Ces occupations, répétitives, étaient, sans aucun doute, séparées par de longues périodes d'absence comme le montre l'abondance de restes de rongeurs dans ce remplissage. En effet, leur présence est principalement due à un apport par les rapaces (pelotes de réjection), qui ne s'installent régulièrement dans une grotte qu'en l'absence des humains. De tels arrêts dans la sédimentation anthropique ont sans aucun doute contribué, pour partie, à la destruction partielle des structures de combustion.

CONCLUSIONS

De l'ensemble de ces résultats, il semble se dégager une opposition entre deux situations différentes :

– D'une part, la présence de structures de combustion très abondantes, diversifiées (au moins dans leur nature), en général épaisses (traduisant donc de nombreux épisodes de combustion plus ou moins successifs) et l'utilisation d'un combustible de qualité, efficace, le bois (de chênes principalement). Ces éléments vont de pair avec un campement de base, spatialement organisé, occupé de façon répétitive et sur de longues durées (grotte de Kébara, unités IX-X).

– D'autre part, des structures de combustion qui ont sans doute été assez abondantes (puisque les résidus de combustion forment l'essentiel du remplissage) ; mais peu épaisses, elles ont été partiellement détruites par les piétinements et les agents météoriques durant les périodes d'abandon de la grotte par les hommes. Le combustible est constitué de buissons et branchages, traduisant une collecte opportuniste, sans fortes exigences, sans doute dans l'environnement immédiat du campement. Ces éléments vont de pair avec un site résidentiel mais d'assez courte durée d'occupations, probablement par de petits groupes de chasseurs-cueilleurs (grotte d'Hayonim, couche E).

Le statut différent de ces deux sites qui s'intègrent bien dans les résultats obtenus sur l'ensemble du Proche-Orient (Meignen *et al.*, 2005), traduit fort probablement des schémas de mobilité des groupes différents (Binford, 1980 ; Butzer, 1982 ; Jochim, 1976 ; Kelly, 1995 ; Mortensen, 1972). La grotte d'Hayonim, au sein de laquelle les activités de production /consommation des outillages lithiques ont eu lieu sur place, mais durant des occupations de courtes durées, pourrait alors s'inscrire dans un schéma de forte mobilité résidentielle (« *circulating mobility* », ou de type « *forager* »), du moins pour la période de l'année concernée

par ces occupations. Dans ce modèle, les groupes de chasseurs-cueilleurs exploitent les ressources dans l'environnement immédiat de leur lieu de campement résidentiel et se déplacent quand elles sont épuisées. Les déplacements résidentiels, qui concernent tout le groupe, sont donc fréquents et les installations de courte durée. Au contraire, dans les unités IX-X de Kébara caractérisées par une forte densité d'occupations, prolongées sur plusieurs saisons (même s'il est difficile d'assurer qu'elles étaient consécutives), la grotte aurait, au moins durant cette période, fonctionné comme campement principal, dans le contexte d'une mobilité résidentielle plus faible, dite mobilité « logistique » (« *radiating mobility* » ou de type « *collector* »). Dans ce schéma, l'approvisionnement en ressources du campement résidentiel plus stable est assuré par des expéditions logistiques réalisées par de petits groupes sur des sites temporaires périphériques (sites d'activités spécialisées). Les déplacements du camp de base sont donc moins fréquents, les installations plus intenses et plus pérennes.

Il importe de préciser que ces interprétations s'inscrivent dans une tendance générale dégagée à partir de l'étude d'un plus grand nombre de sites, qui montre des changements diachroniques dans les schémas de mobilité observés dans le Paléolithique moyen du Proche-Orient (Meignen *et al.*, 2005). Mais la prudence s'impose cependant puisque les données ethnologiques indiquent que ces deux schémas ne sont que les pôles extrêmes d'un continuum de comportements, et qu'en particulier, un même groupe de chasseurs-collecteurs peut pratiquer différents schémas de mobilité sur un même cycle annuel (Binford, 1980).

En conclusion, l'ensemble de ces recherches montre bien que les activités de combustion, au même titre que les autres domaines classiquement pris en compte, permettent d'aborder les comportements des Hommes du Paléolithique dans la gestion de leur territoire. Seule la convergence des résultats obtenus à travers les différentes études permet de tirer des conclusions. L'importance des combustibles n'est pas un fait étonnant : dans la vie quotidienne, leur collecte, au même titre sans doute que les ressources en eau, devait tenir une place importante. Il est fort probable que leur disponibilité devait constituer l'un des facteurs déterminants dans le choix des lieux d'implantation des campements, en particulier pour les séjours de longue durée. Il est possible que les contraintes aient été moindres pour des occupations de plus courte durée comme le montrent les résultats, isolés, il est vrai, obtenus dans les occupations d'Hayonim. Mais ces faibles exigences sur la qualité des combustibles ont été identifiées dans d'autres sites moustériens d'Europe occidentale. Dans le cas de l'abri de la Combette, par exemple, la collecte pratiquement exclusive de bois mort altéré pourrait participer d'un même type de comportement à mettre en relation avec de brefs séjours, éventuellement cette fois pour des activités spécialisées (Théry-Parisot, Texier, 2006).

Remerciements

Ces travaux ont été effectués dans le cadre d'un programme de recherches interdisciplinaires financé par la National Science Foundation (NSF), la LSB Leakey Foundation, le Ministère des Affaires Etrangères, CARE Foundation, l'American School of Prehistoric Research (Peabody Museum, Harvard University), le CNRS et Israel Exploration Society.

BIBLIOGRAPHIE

ALBERT, R. M. ; BAR-YOSEF, O. ; MEIGNEN, L. ; WEINER, S. (2003) – Quantitative phytolith study of hearths from the Natufian and Middle Palaeolithic levels of Hayonim Cave (Galilee, Israel). *Journal of Archaeological Science*. 30, p. 461-480.

ALBERT, R. M. ; BAR-YOSEF, O. ; MEIGNEN, L. ; WEINER, S. (sous presse) – The use of plant material in Kebara cave : Phytoliths and mineralogical analysis. In BAR-YOSEF, O. ; MEIGNEN, L., eds. – *The Middle and Upper Paleolithic in Kebara Cave (Mt Carmel)*. Cambridge, USA : American School of Prehistoric Research, Peabody Museum Press, Harvard University. p. 141-158.

ALBERT, R. M. ; LAVI, O. ; ESTROFF, L. ; WEINER, S. ; TSATSKIN, A. ; RONEN, A. ; LEV-YADUN, S. (1999) – Mode of Occupation of Tabun Cave, Mt Carmel, Israel, during the Mousterian period : a study of the sediments and phytoliths. *Journal of Archaeological Science*. 29, p. 1249-1260.

ALBERT, R. M. ; WEINER, S. ; BAR-YOSEF, O. ; MEIGNEN, L. (2000) – Phytoliths in the Middle Palaeolithic deposits of Kebara cave, Mt Carmel, Israel : Study of the Plant Materials used for fuel and other purposes. *Journal of Archaeological Science*. 27, p. 931-947.

BAR-YOSEF, O. ; BELFER-COHEN, A. ; GOLDBERG, P. ; KUHN, S. ; MEIGNEN, L. ; WEINER, S. ; VANDERMEERSCH, B. (2005) – Archaeological background : Hayonim Cave and Meged Rockshelter. In STINER, M., eds. – *The Faunas of Hayonim Cave (Israel). A 200,000-Year Record of Paleolithic Diet, Demography and Society*. Cambridge (US) : American School of Prehistoric Research, Peabody Museum, Harvard University. p. 17-38.

BAR-YOSEF, O. ; VANDERMEERSCH, B. ; ARENSBURG, B. ; BELFER-COHEN, A. ; GOLDBERG, P. ; LAVILLE, H. ; MEIGNEN, L. ; RAK, Y. ; SPETH, J. D. ; TCHERNOV, E. ; TILLIER, A. M. ; WEINER, S. (1992) – The Excavations in Kebara cave, Mt Carmel. *Current Anthropology*. 33, p. 497-550.

BARUCH, U.; WERKER, E.; BAR-YOSEF, O. (1992) –
Charred wood remains from Kebara Cave, Israel:
preliminary results. *Bulletin de la Société botanique
Française.* 139, p. 531-538.

BINFORD, L. R. (1978) – Dimensional Analysis of
Behaviour and Site Structure: Learning from an
Eskimo Hunting Stand. *American Antiquity.* 43,
p. 330-361.

BINFORD, L. R. (1980) – Willow smoke and dogs'tails:
hunter-gatherer settlement systems and archaeological site formation. *American Antiquity.* 45, p. 4-20.

BINFORD, L. R. (1983) – *In Pursuit of the Past.* New
York: Thames and Hudson. 256 p.

BINFORD, L. R. (1998) – Hearth and Home: the spatial
analysis of ethnographically documented rockshelter
occupations as a template for distinguishing between
human and hominid use of sheltered place. In
CONARD, J. N.; WEHDORF, F. eds. – *Workshop 5.
Middle Palaeolithic and Middle Stone Age settlement
system.* Vol. 6, I. Actes du XIIIᵉ Congrès UISPP
(Forlì, Italie, septembre 1996). Forlì: ABACO,
p. 229-239.

BUTZER, K. (1982) – *Archaeology as Human Ecology.*
Cambridge: Cambridge University Press.

COURTY, M.-A.; GOLDBERG, P.; MACPHAIL, R. (1989)
– *Soils and Micromorphology in Archaeology.*
Cambridge: Cambridge University Press. 344 p.

FISHER, J. W.; STRICKLAND, H. C. (1991) – Dwellings and
fireplaces: keys to Efe Pygmy campsite structure. In
GAMBLE, C. S.; BOISMIER, W. A., eds. – *Ethno-
archaeological Approaches to Mobile Campsites.*
Ann Arbor, Michigan: International Monographs in
Prehistory. p. 215-236.

GOLDBERG, P. (2003) – Some observations on Middle and
Upper Palaeolithic ashy cave and rockshelter deposits
in the Near East. In GORING-MORRIS, N.; BELFER-
COHEN, A., eds. – *More than meets the eye. Studies
on Upper Palaeolithic diversity in the Near East.*
Oxford: Oxbow Books. p. 19-32.

GOLDBERG, P.; BAR-YOSEF, O. (1998) – Site formation
processes in Kebara and Hayonim Caves and their
significance in Levantine Prehistoric Caves. In
AKAZAWA, T.; AOKI, K.; BAR-YOSEF, O., eds. –
Neandertals and Modern humans in Western Asia.
New York: Plenum Press. p. 107-125.

GOLDBERG, P.; MACPHAIL, R. (2006) – *Practical and
Theoretical Geoarchaeology*: Blackwell Publishing.
454 p.

GOLDBERG, P.; LAVILLE, H.; MEIGNEN, L.;
BAR-YOSEF, O.; (sous presse) – Stratigraphy and
Geoarchaeological History of Kebara Cave. In
BAR-YOSEF, O.; MEIGNEN, L., eds. – *The Middle
and Upper Paleolithic in Kebara Cave (Mt Carmel).*
Cambridge, USA: American School of Prehistoric
Research, Peabody Museum Press, Harvard
University. p. 49-84.

JOCHIM, M. (1976) – *Hunter-Gatherer Subsistance and
Settlement: a predictive model.* New York: Academic
Press. 206 p.

KELLY, R. L. (1995) – *The Foraging Spectrum:
Diversity in Hunter-gatherer Lifeways.* Washington:
The Smithsonian Institute Press.

LEV, E.; KISLEV, M.; BAR-YOSEF, O. (2005) – Mousterian
vegetal food in Kebara Cave, Mt Carmel. *Journal of
Archaeological Science.* 3, p. 475-484.

MADELLA, M.; JONES, M. K.; GOLDBERG, P.; GOREN,
Y.; HOVERS, E. (2002) – The exploitation of plant
resources by Neanderthals in Amud Cave (Israel):
The evidence from phytolith studies. *Journal of
Archeological Science.* 29, p. 703-719.

MEIGNEN, L.; BAR-YOSEF, O. (1991) – Les outillages
lithiques moustériens de Kébara (fouilles
1982-1985): premiers résultats. In BAR-YOSEF, O.;
VANDERMEERSCH, B., eds. – *Le squelette moustérien
de Kébara 2.* Paris: Éditions du CNRS. p. 49-75.

MEIGNEN, L.; BAR-YOSEF, O. (1992) – Middle Palaeolithic
Variability in Kebara Cave (Mount Carmel, Israël).
In AKAZAWA, T.; AOKI, K.; KIMURA, T., eds. – *The
Evolution and Dispersal of Modern Humans in Asia.*
Tokyo: Hokusen-Sha. p. 129-148.

MEIGNEN, L.; BAR-YOSEF, O.; GOLDBERG, P. (1989) –
Les structures de combustion moustériennes de la
grotte de Kébara (Mont Carmel, Israël). In OLIVE,
M.; TABORIN, Y. eds. – *Nature et Fonction des
Foyers Préhistoriques.* Actes du colloque international de Nemours 1987, Paris: Mémoire 2 du musée
de Préhistoire d'Île-de-France. p. 141-146.

MEIGNEN, L.; BAR-YOSEF, O.; GOLDBERG, P.; WEINER,
S. (2001) – Le feu au Paléolithique moyen: recherches sur les structures de combustion et le statut des

foyers. L'exemple du Proche-Orient. *Paléorient*. 26, 2, p. 9-22.

MEIGNEN, L.; BAR-YOSEF, O.; SPETH, J.; STINER, M. (2005) – Changes in settlement patterns during the Near Eastern Middle Paleolithic. In HOVERS, E.; KUHN, S., eds. – *Transitions before the Transition: Evolution and stability in the Middle Paleolithic and Middle Stone Age*. New York, Boston, Dordrecht, London, Moscow: Springer. p. 149-170.

MEIGNEN, L.; BEYRIES, S.; SPETH, J.; BAR-YOSEF, O. (1998) – Acquisition, traitement des matières animales et fonction du site au Paléolithique moyen dans la grotte de Kébara (Israël): approche interdisciplinaire. In BRUGAL, J.-P.; MEIGNEN L.; PATOU-MATHIS M., eds. – *Économie préhistorique: les comportements de subsistance au Paléolithique*. Paléolithique, Actes des XVIIIᵉ rencontres d'archéologie et d'histoire d'Antibes (octobre 1997). Sophia Antipolis: APDCA. p. 227-242.

MEIGNEN, L.; GOLDBERG, P.; BAR-YOSEF, O. (sous presse) – The Hearths at Kebara Cave and their Role in Site Formation Processes. In BAR-YOSEF, O.; MEIGNEN, L., eds. – *The Middle and Upper Paleolithic in Kebara Cave (Mt Carmel). Part 1.* Cambridge, USA: American School of Prehistoric Research, Peabody Museum Press, Harvard University. p. 85-116.

MERCIER, N.; VALLADAS, H.; FROGET, L.; JORON, J. L.; REYSS, J. L.; WEINER, S.; GOLDBERG, P.; MEIGNEN, L.; BAR-YOSEF, O.; KUHN, S.; STINER, M.; BELFER-COHEN, A.; TILLIER, A. M.; ARENSBURG, B.; VANDERMEERSCH, B. (2007) – Hayonim Cave: a TL-based chronology of a Levantine Mousterian sequence. *Journal of Archeological Science*. 34, p. 1064-1077.

MORTENSEN, P. (1972) – Seasonal camps and Early villages in the Zagros. In UCKO, P.; TRINGHAM, R.; DIMBLEBY, G. W., eds. – *Man, Settlement and Urbanism*. London: Duckworth. p. 293-297.

O'CONNEL, J. F. (1987) – Alyawara site structure and its archaeological implications. *American Antiquity*. 52, 1, p. 74-108.

O'CONNELL, J. F.; HAWKES, K.; BLURTON JONES, N. (1991) – Distribution of refuse-producing activities at Hadza residential base camps: Implications for analysis of archaeological site structure. In KROLL, E. M.; PRICE, T. D., eds. – *The Interpretation of*

Archaeological Spatial Patterning. New York: Plenum. p. 61-76.

PALMER, C. (2002) – Milk and cereals: Identifying food and food identity among *Fallahin* and Bedouin in Jordan. *Levant*. 34, p. 173-195.

PLISSON, H.; BEYRIES, S. (1998) – Pointes ou outils triangulaires? Données fonctionnelles dans le Moustérien Levantin. *Paléorient*. 24, p. 5-24.

SHEA, J. (1991) – *The Behavioral Significance of Levantine Mousterian Industrial Variability*, PhD Harvard University, Department of Anthropology. Cambridge: Mass. 292 p.

STEVENSON, M. G. (1991) – Beyond the formation of Hearth-associated artifact assemblages. In KROLL, E. M.; PRICE, T. D., eds. – *The Interpretation of Archaeological Spatial Patterning*. New York: Plenum. p. 269-299.

SPETH, J. D. (2005) – Housekeeping, Neanderthal-style: Hearth placement and midden formation in Kebara cave (Israel). In HOVERS, E.; KUHN, S., eds. – *Transitions before the Transition: Evolution and stability in the Middle Paleolithic and Middle StoneAge*. New York, Boston, Dordrecht, London, Moscow: Springer. p. 171-188.

SPETH, J. D.; TCHERNOV, E. (1998) – The Role of Hunting and Scavenging in Neanderthal Procurement Strategies: New Evidence from Kebara Cave (Israel). In BAR-YOSEF, O.; AKAZAWA, T., eds. – *Neanderthals and Modern Humans in West Asia*. New York: Plenum Press. p. 223-240.

SPETH, J. D.; TCHERNOV, E. (2001) – Neandertals Hunting and Meat-Processing in the Near East. In STANFORD, C. B.; BUNN, H. T., eds. – *Meat-Eating and Human Evolution*. Oxford: Oxford University Press. p. 52-72.

SPETH, J. D.; TCHERNOV, E. (sous presse) – Changing adaptations in the Later Middle Palaeolithic of the Southern Levant as seen from Kebara cave (Israel). In BAR-YOSEF, O.; MEIGNEN, L., eds. – *The Middle Palaeolithic Archaeology of Kebara Cave (Mt Carmel). Part 1.* Cambridge, USA: American School of Prehistory, Peabody Museum, Harvard University. p. 159-254.

STINER, M. C. (2005) – *The Faunas of Hayonim Cave (Israel). A 200,000-Year Record of Paleolithic Diet,*

Demography and Society. Cambridge: Peabody Museum, Harvard University. 330 p.

THÉRY-PARISOT, I. (2001) – *Économie des combustibles au Paléolithique. Expérimentation, anthracologie, Taphonomie.* Paris: CNRS Éditions. 196 p. (Dossiers de documentation archéologique; 20).

THÉRY-PARISOT, I.; COSTAMAGNO, S. (2005) – Propriétés combustibles des ossements. Données expérimentales et réflexions archéologiques sur leur emploi dans les sites paléolithiques. *Gallia Préhistoire.* 47, p. 235-254.

THÉRY-PARISOT, I.; TEXIER, P.-J. (2006) – La collecte du bois de feu dans le site moustérien de la Combette (Bonnieux, Vaucluse): implications paléoéconomiques et paléoécologiques. Approche morphométrique des charbons de bois. *Bulletin de la Société préhistorique française.* 103, 3, p. 453-464.

VALLADAS, H.; JORON, J. L.; VALLADAS, G.; ARENSBURG, B; BAR-YOSEF, O.; BELFER-COHEN, A.; GOLDBERG, P.; LAVILLE, H.; MEIGNEN, L.; RAK, Y.; TCHERNOV, E.; TILLIER, A. M.; VANDERMEERSCH, B. (1987) – Thermoluminescence dates for the Neanderthal burial site at Kebara in Israel. *Nature.* 330, p. 159-160.

VILLA, P.; BON, F.; CASTEL, J.-C. (2002) – Fuel, fire and fireplaces in the Palaeolithic of Western Europe. *The Review of Archaeology.* 23, p. 33-42.

WATTEZ, J. (2004) – Enregistrement sédimentaire des structures de combustion et fonctionnement de l'espace dans les campements de la fin du Paléolithique. Exemples de Monruz (Neuchâtel, Suisse) et d'Étiolles (Soisy-sur-Seine, France) et du site azilien du Closeau (Rueil-Malmaison, Hauts-de-Seine, France). In BODU, P.; CONSTANTIN, C., eds. – *Approches fonctionnelles en Préhistoire. XXVe Congrès Préhistorique de France.* Paris: Société préhistorique française. p. 225-237.

WEINER, S.; GOLDBERG, P.; BAR-YOSEF, O. (1993) – Bone preservation in Kebara Cave, Israel, using on-site Fourier transform infrared spectrometry. *Journal of Archaeological Science.* 20, p. 613-627.

WEINER, S.; GOLDBERG, P.; BAR-YOSEF, O. (2002) – Three-dimensional distribution of minerals in the sediments of Hayonim cave, Israel: diagenetic processes and archaeological implications. *Journal of Archaeological Science.* 29, p. 1289-1308.

YELLEN, J. E. (1977) – *Archaeological Approaches to the Present.* New York: Academic Press. 259 p.

De la forêt aux foyers paléolithiques et mésolithiques dans le sud de la France : une revue des données anthracologiques et phytolithiques

Claire DELHON* et Stéphanie THIÉBAULT*

Abstract. In the middle Rhone valley, various research programs, linked notably with rescue excavations, have profitably increased the amount of available data concerning the palaeovegetation and its use by prehistoric societies. Anthracological analyses of prehistoric settlements give information about the wood used as domestic fuel. Pedo-anthracological analyses of wood charcoal recovered in fire layer « off archaeological site » gives information about the woody vegetation growing next to these settlements. Thanks to phytolith analyses of the same « off-site » layers, we are able to take into account the importance of grasses in the vegetation and to estimate the density of the ligneous cover. The comparison between archaeobotanical data and contemporaneous palaeobotanical data allows advancing hypothesis concerning fuel management in the middle Rhone valley during late Palaeolithic and Mesolithic, in relation with the available biomass.

Keywords. Charcoal analysis, pedo-anthracology, phytolith, hunters-gatherers, palethnobotany, palaeoecology, South of France, middle Rhone valley.

Résumé. Dans le Sud de la France et en moyenne vallée du Rhône, plusieurs programmes de recherche, notamment dans le cadre d'opérations d'archéologie préventive, ont significativement augmenté le corpus de données concernant la paléovégétation et son utilisation par les sociétés préhistoriques. L'analyse anthracologique des sites archéologiques apporte des informations sur le bois utilisé comme combustible. L'analyse pédo-anthracologique des charbons retrouvés dans des niveaux d'incendie « hors-site » informe pour sa part sur la composition du couvert végétal ligneux poussant à proximité de ces sites. Les analyses phytolithiques des mêmes niveaux « hors-site » nous permettent de tenir compte de l'importance des graminées dans le couvert végétal, et d'estimer la densité des ligneux. La comparaison entre les données archéobotaniques et les données paléobotaniques de la même période nous autorise à formuler des hypothèses concernant la gestion du combustible dans la moyenne vallée du Rhône au cours du Paléolithique et du Mésolithique en relation avec la biomasse disponible.

Mots-clés. Anthracologie, pédo-anthracologie, phytolithes, chasseurs-cueilleurs, palethnobotanique, paléoécologie, Sud de la France, moyenne vallée du Rhône.

* UMR 7041, Protohistoire Européenne/Archéobotanique et Paléoécologie, Maison René-Ginouvès, 21, allée de l'Université, 92023 Nanterre Cedex, France, claire.delhon@mae.u-paris10.fr ; stephanie.thiebault mae.u-paris10.fr

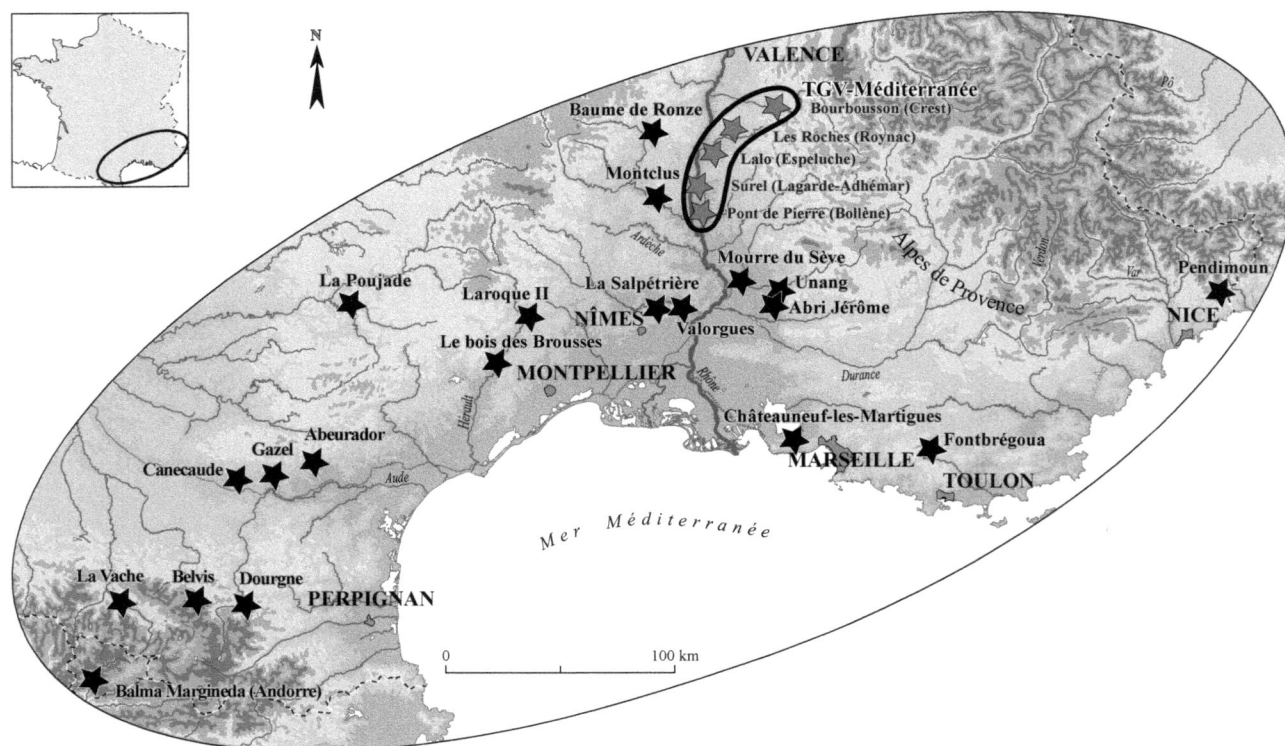

Fig. 7.1. Localisation des sites en grottes ou sous abris cités dans le texte et les tableaux.

INTRODUCTION

Les résultats de l'analyse anthracologique des gisements où séjournèrent les chasseurs-cueilleurs du Paléolithique supérieur et du Mésolithique dans le Sud de la France proposent une zonation qui, pour la période établie entre le Dryas ancien et le Préboréal, est séparée en deux sous parties (Vernet, Thiébault, 1987 ; Vernet, Thiébault, Heinz, 1987 ; Heinz, Thiébault, 1998). Elle est fondée sur l'analyse de nombreux niveaux archéologiques, la plupart en grottes ou sous abris, situés dans la région méditerranéenne et la vallée du Rhône (fig. 7.1).

D'après cette zonation (fig. 7.2), entre 13000 et 8000 BP, la végétation est marquée par la prédominance des végétations résistantes aux basses températures. Elle se caractérise par une forêt steppe (au

sens de Zohary, 1973) constituée principalement par *Pinus sylvestris, Juniperus*, et l'amandier. Du point de vue dynamique, cette phase correspond à une transition entre les végétations glaciaires et les végétations post-glaciaires, et se déroule en deux temps :

• **Sous-phase 1a :** le bouleau, très présent au pléniglaciaire, décline et le pin sylvestre prédomine, accompagné majoritairement par le genévrier. Cette sous-phase a été mise en évidence dans les grottes de Fontbrégoua (Thiébault, 1997), Unang (Thiébault, 1988), Antonnaire (Heinz, 1990), l'Abeurador (Heinz, 1990), Gazel (Vernet, 1980) et La Balma Margineda (Heinz, 1990).

• **Sous-phase 1b :** le genévrier devient dominant, alors que le pin sylvestre régresse. Les

Âges BP	Chronologie selon Firbas	Cultures	Climat	Phases		Végétation
8000	Boréal	Castelnovien		2		Installation progressive des forêts de chênes caducifoliés
9000					b	Végétations steppiques de transition avec genévriers et pins sylvestres
10000	Préboréal	Mésolithique	Froid et sec	1		
	Dryas récent				a	Végétations steppiques de transition avec pins sylvestres et genévriers
11000	Alleröd	Azilien				
12000						Régression des pinèdes de pins sylvestres et bouleaux
13000	Bölling	supérieur				
20000	Dryas ancien inférieur	Magdalénien	Maximum du froid			Formations steppiques avec pins sylvestres et bouleaux

Fig. 7.2. Zonation anthracologique du sud de la France en relation avec la biochronologie d'après Vernet, Thiébault, 1987 ; Vernet, Thiébault, Heinz, 1987 et Heinz, Thiébault 1998.

résultats indiquent que le climat est de type méditerranéen mais plus froid et plus aride que l'actuel. Elle est identifiée à Châteauneuf-les-Martigues (Vernet, 1971), Fontbrégoua (Thiébault, 1997), Unang (Thiébault, 1988), la Poujade (Krauss-Marguet, 1981), l'Abeurador (Heinz, 1990), Gazel (Vernet, 1980), Dourgne (Vernet, 1980) et La Balma Margineda (Heinz, 1990). Les éléments décidus (chênes à feuillage caduc et rosacées) sont présents.

Les gisements sur lesquels repose cette zonation ont été occupés par différents groupes de chasseurs-cueilleurs au cours des derniers millénaires du Pléistocène et au début de l'Holocène. Si, comme nous allons le voir, les pins et les genévriers sont les taxons chefs de files des végétations, il apparaît que de nombreuses autres espèces, souvent négligées par souci de reconstitution paléo-écologique, sont présentes.

Dès lors, il est possible de se poser la question des causes de la dominance de certains taxons dans les assemblages anthracologiques : peut-on considérer que certaines essences ou certaines forma-

tions végétales ont été préférées pour la récolte du bois de feu au Paléolithique et au Mésolithique ?

Ainsi, dans un article récent portant sur les restes ligneux carbonisés de la grotte Chauvet (Ardèche), l'hypothèse selon laquelle la présence exclusive du pin (sur les sols, dans les aires de combustion, sur les parois ou dans le mouchage des torches) résultait d'un choix a été avancée. Contrairement aux autres taxons présents à cette époque et qui auraient pu, eux aussi, être utilisés, le pin se caractérise par un élagage naturel, des branchages importants, et constitue une réserve de bois mort conséquente. « *Déjà sec, déjà coupé, il s'agit d'un combustible d'utilisation immédiate tout à fait adapté pour un groupe non sédentaire* » (Théry-Parisot, Thiébault, 2005, p. 72). Il s'agit là d'une proposition considérant un ramassage opportuniste mais dirigé du bois, dans un contexte très particulier, celui d'une grotte ornée.

Doit-on au contraire considérer que l'activité de ramassage se fait au hasard et que les relations de dominance observées dans les assemblages anthracologiques reflètent celles existant dans la végétation autour des sites, dans une logique de recherche du moindre effort (Shackelton, Prins, 1992) parfois validée par les observations ethnologiques (Moutarde, 2006) ?

En d'autres termes, est-il légitime de proposer pour ces périodes des questionnements d'ordre palethnobotanique sur la base d'études anthracologiques, ou doit-on se cantonner à des interprétations paléoécologiques ?

Cette question est au cœur des interrogations de la plupart des chercheurs travaillant sur les populations de chasseurs-cueilleurs (Alix, 1998 ; Théry-Parisot, 2001 ; 2002 ; Théry-Parisot, Texier, 2006).

LES SITES EN GROTTES ET SOUS ABRIS : L'APPORT DES ESPÈCES SECONDAIRES

Nous avons repris les données concernant la plupart des gisements ayant fait l'objet d'une analyse anthracologique publiée et avons listé les résultats proposés. Sont considérés plus d'une trentaine de niveaux occupés de la fin du Paléolithique supérieur au Mésolithique. Certains bénéficient à la fois d'une attribution chronoculturelle et d'une datation ^{14}C, comme les foyers du Magdalénien moyen datés de 15800 ± 300 BP (soit 17900-16000 cal. BC) du Bois des Brousses (Bazile-Robert, 1981a), ou les niveaux aziliens de Valorgues, datés de 10910 ± 85 BP (soit 11200-10700 cal. BC) (Bazile-Robert, 1981b) ; d'autres, comme les niveaux du Magdalénien supérieur et final de la Vache (Leroi-Gourhan, Thiébault, 2003), de Valorgues et de Laroque II (Bazile-Robert, 1981a ; 1981b), les niveaux aziliens de Gazel (Vernet, 1980) et les niveaux épipaléolithiques d'Unang

(Thiébault, 1988), ou de Gazel (Vernet, 1980), sont datés par l'archéologie.

Les figures 7.3 et 7.4 listent les taxons identifiés dans chaque gisement. Les données utilisées sont issues de publications fondatrices mais déjà anciennes compte tenu de l'évolution rapide de la discipline, pour lesquelles la fiabilité statistique n'est pas toujours optimale, ce qui nous a fait préférer un raisonnement sur les occurrences (Willcox, 1992). La simple liste floristique (en présence/absence) ne rend pas compte des rapports de dominance entre taxons, que les spectres anthracologiques (en abondance absolue ou relative) visent habituellement à décrire. À l'examen des données chiffrées, les essences les mieux représentées focalisent souvent toute l'attention, alors que les taxons moins fréquents sont relégués au bas des tableaux et n'interviennent que peu ou pas dans les discussions. Le choix délibéré de mettre sur le même plan toutes les essences identifiées, quelque que soit leur abondance dans chaque site, rappelle qu'une biodiversité bien plus grande que celle sous-entendue par la dénomination de « forêt-steppe à *Pinus-Juniperus-Amygdalus* » (*supra*) existe.

À la fin du Paléolithique supérieur (fig. 7.3), le pin (de type sylvestre ou de Salzmann, *Pinus* t. *sylvestris / salzmanii*) et les genévriers (*Juniperus* sp.) sont effectivement représentés dans la quasi-totalité des gisements, mais d'autres taxons sont aussi récoltés de façon récurrente pour servir de combustible (voir Vernet, 1980 ; Bazile-Robert, 1981a ; 1981b ; Thiébault, 1988 ; Leroi-Gourhan, Thiébault, 2003). Le saule/peuplier (*Salix/Populus*) est systématiquement présent dans les niveaux du Magdalénien moyen, ainsi que dans le Magdalénien supérieur de la Vache, le Magdalénien final et

	Valorgues	Gazel	Unang	Gazel	Laroque II	Valorgues	Belvis	La Vache	Salpêtrière	Salpêtrière	Laroque II	Salpêtrière	Canecaude	Gazel	Bois des Brousses
Attribution chronoculturelle	Az.	Az.	Pal. >	Epimg.	Mg. fin.	Mg. >	Mg. >	Mg. >	Mg. m	Mg. m	Mg. m	Mg. m	Mg	Mg. m	Mg. m
Niveaux	17-7b	3-4	E10	6-5	n1	24-18	2 à 4	1 à 4	2 et b	3	B	4 et c		7-8s	1A-2B
Date ^{14}C	10910 ±85						12270 ±280		12500 -13000	13100 ±200	13000	14200 ±300	14230 ±160	15070 ±270	15800 ±300
Pinus sylvestris	X	X	X	X	X	X	X	X	X	X	X	X		X	X
Juniperus sp.		X	X	X	X		X	X	X		X	X	X	X	X
Salix / Populus			X	X				X	X	X	X	X	X	X	X
Quercus f.c.	X	X	X	X	X				X				X		
Quercus t. *ilex-coccifera*	X	X							X	X		X	X		X
Amygdalus s,p.	X		X		X				X		X				X
Betula sp.				X					X		X	X		X	X
Buxus sempervirens			X				X		X	X			X		X
Acer sp.		X			X				X						X
Fagus sylvatica							X		X				X		
Hippophae rhamnoides								X		X	X	X			
Phillyrea sp.	X				X								X		X
Prunus avium			X												
Prunus mahaleb	X				X		X				X				
Prunus spinosa		X			X	X	X								
Rhamnus t. *alaternus*		X													
Rhamnus t. *cathartica-saxatilis*	X		X		X										
Pistacia lentiscus															X
Ulmus sp.														X	
Fabaceae													X		
Fraxinus sp.								X							
Cistus cf. *monspeliensis*									X						
Abies alba							X								
Taxus bacata	X														
	Bazile-Robert, 1980	Vernet, 1980	Thiébault, 1988	Vernet, 1980	Bazile-Robert, 1981a	Bazile-Robert, 1981b	Vernet, 1980	Arl. Leroi-Gourhan, Thiébault, 2003	Bazile-Robert, 1981a	Bazile-Robert, 1981a	Bazile-Robert, 1981a	Bazile-Robert, 1981a	Vernet 1980	Vernet, 1980	Bazile-Robert, 1981a

Fig. 7.3. Taxons présents dans les assemblages anthracologiques de la fin du Paléolithique supérieur (Pal. : Paléolithique ; Az. : Azilien ; Epimg. : Épimagdalénien ; Mg. : Magdalénien ; > : supérieur ; m : moyen ; fin. : final).

l'Épimagdalénien de Laroque II et de Gazel. Le chêne à feuillage caduc (*Quercus* f.c.), dont l'attestation la plus ancienne date du Magdalénien de Canecaude (14230 ± 160 BP, soit 15800-14500 BC), est également présent à la Salpêtrière, et devient systématique à partir du Magdalénien final. Le chêne-sclérophylle (*Quercus* t. *ilex-coccifera*) est identifié dans les niveaux du Magdalénien moyen du Bois des Brousses, de Canecaude, de la Salpêtrière, puis dans l'Azilien de Gazel et de Valorgues. L'amandier (*Amygdalus* sp.) a été retrouvé dans certains sites du Magdalénien moyen et final et à l'Azilien. Le bouleau (*Betula* sp.) est identifié au Magdalénien moyen et final. Parmi les autres taxons identifiés ponctuellement, mais sur plusieurs gisements, il faut citer le hêtre (*Fagus sylvatica*),

l'argousier (*Hippophae rhamnoides*) récolté par les magdaléniens moyens et au Magdalénien supérieur à la Vache, les filaires (*Phillyrea* sp.), le groupe des *Prunus* qui se diversifie à partir du Magdalénien supérieur, les *Rhamnus* qui apparaissent au Magdalénien final et à l'Azilien, et enfin les différentes rosacées à l'Azilien.

Au total, on constate qu'au moins 25 taxons identifiables par l'anthracologie ont été récoltés au cours du Paléolithique supérieur, avec une moyenne de 7 taxons par site.

Pour les cultures du Mésolithique (fig. 7.4), le schéma est le même. Les données sont issues de l'analyse de 20 niveaux ou groupes de niveaux

	Unang	Mourre du Sève	Montclus	Châteauneuf/Martigues	Fontbrégoua	Montclus	Unang	Abeurador	Baume de Ronze	Margineda	Poujade	Jérôme	Fontbrégoua	Salpétrière	Dourgne	Dourgne	Margineda	Abeurador	Fontbrégoua	Pendimoun
Attribution chronoculturelle	Més.	Cast.	Cast.	Cast.	Més. rec.	Mtc. anc&m.	Épipal?	Més. m.	Més.	Més. fin	Més.	Sauv.	Sauv.	Sauv.	Sauv.	Tard.	Més. m	Épipal.	Épipal.	Épipal
Niveaux	C11-C12		14 à 10	18 20	C50-C52	22 à 17		C7 à CX	69 ‡ 57	C4b à C4	12BI28-8D	C5d	C53-C60	1a	9-10	8	C6LB à C4/5	C10-C8	C62-C63	16 à 20
Date ^{14}C	6800 ±90	7415-8435	7020 ±140	7260 ±120	7600 ±100	7890 ±160	8280 ±100	8740 ±90		8910 ±145			8400 -9750	9900 ±200			9250 ±160	10480 ±100		
Pinus sylvestris	X			X	X	X	X	X		X	X		X	X	X	X	X	X	X	
Juniperus sp.	X	X		X	X	X	X	X	X	X	X	X	X	X	X	X	X	X	X	
Quercus f.c.	X	X	X	X	X	X	X	X	X	X	X	X	X	X	X	X	X	X	X	X
Quercus t. *ilex-coccifera*		X			X	X		X					X				X		X	
Pinus halepensis				X	X								X							
Amygdalus sp.					X			X	X		X		X				X			X
Prunus amygdalus/spinosa				X																
Prunus avium	X				X		X				X		X	X					X	X
Prunus mahaleb			X			X		X	X	X	X		X	X	X			X		
Prunus spinosa	X				X		X	X		X			X					X		
Prunus sp.		X			X						X		X	X					X	X
Acer sp.	X	X			X		X	X	X	X	X		X					X	X	X
Buxus sempervirens	X						X	X			X		X		X	X	X			
Corylus avellana			X		X			X		X					X	X	X	X		X
Crataegus sp.			X		X			X		X							X	X	X	
Salix/Populus	X	X			X			X					X							
Rhamnus t. *alaternus*			X					X	X											
Rhamnus t. *cathartica-saxatilis*			X						X					X						
Rhamnus sp.			X																	
Rhamnus/Phillyrea		X			X								X							
Phillyrea sp.	X		X	X		X	X	X	X		X		X				X			
Pistacia sp.	X					X		X	X				X							
Fabaceae				X	X	X													X	
Fraxinus excelsior	X							X			X		X				X			
Hedera helix		X	X			X		X												X
Ilex aquifolium		X			X			X												
Pomoideae		X											X							
Rosaceae		X											X					X		
Sorbus aria	X				X	X														
Sorbus sp.	X				X			X	X											
Ulmus sp.		X			X			X	X	X										
Taxus bacata								X	X						X	X		X		
Tilia sp.	X							X	X								X			
Viburnum lantana								X	X							X				
Vitis sp.								X									X			
Sambucus sp.					X			X											X	
Abies alba									X						X	X	X			
Betula sp.									X											
Arbutus unedo			X										X							
Ephedra sp.													X							
Cornus sp.													X							
Cistus monspeliensis						X														
Lonicera sp.								X					X							
Rosmarinus officinalis			X										X							

Thiébault, 1988 · Thiébault, 1999 · Bazile-Robert, 1983 · Thiébault, Vernet inédit · Thiébault, Vernet 1997 · Bazile-Robert 1983 · Thiébault, 1988 · Heinz 1990 · Bazile-Robert inédit · Heinz 1990 · Krauss-Marguet 1981 · Thiébault 1999 · Thiébault 1997 · Bazile-Robert 1981a · Vernet, 1980 · Vernet, 1980 · Heinz, 1990 · Heinz, 1990 · Thiébault, 1997 · Thiébault, inédit

Fig. 7.4. Taxons présents dans les assemblages anthracologiques de l'Épipaléolithique et du Mésolithique (Més.: Mésolithique; Cast.: Castelnovien; Mtc.: Montclusien, Sauv.: Sauveterrien; Tard.: Tardenoisien, Épipal.: Épipaléolithique; rec.: récent; anc.: ancien, m.: moyen; fin.: final).

constitués par les derniers chasseurs-cueilleurs, épipaléolithiques et mésolithiques. Si, là encore, genévriers et pins sont souvent récoltés, bien qu'ils se raréfient à partir du Castelnovien, le chêne à feuillage caduc est l'élément le plus systématique. L'amandier tout comme le saule/peuplier ne sont plus des éléments déterminants dans le paysage, en revanche les différentes espèces de *Prunus* sont présentes. Il faut signaler le noisetier (*Corylus avellana*) et les rhamnacées qui apparaissent souvent. La vingtaine d'autres taxons reconnus n'est pas énumérée ici, mais la présence d'espèces variées aux exigences écologiques différentes montre, dans certains gisements, une gestion de l'environnement sur un territoire hétérogène pour la récolte des combustibles. Au total, une quarantaine de taxons a été exploitée plus ou moins régulièrement par les Épipaléolithiques/Mésolithiques de la

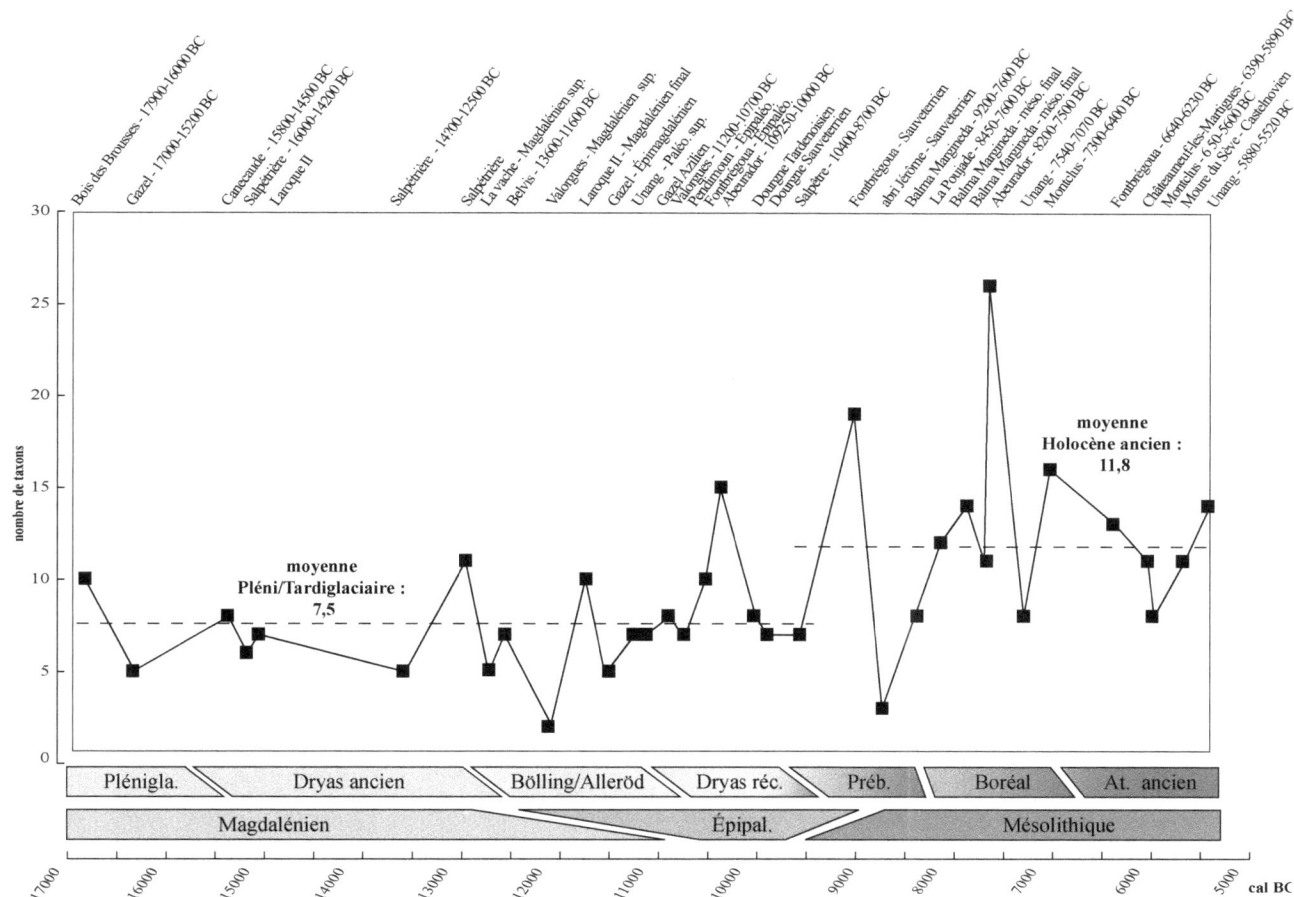

Fig. 7.5. Évolution de la biodiversité des assemblages anthracologiques de la fin du Pléniglaciaire au début de l'Holocène.

région, et une moyenne de 11 taxons est identifiée sur chaque site (11,3 si l'on ne tient pas compte des données de l'abri Jérôme, qui n'a fourni qu'un très petit nombre de charbons et seulement 3 taxons différents).

La variété des formations végétales ainsi que la part relative des feuillus dans la végétation augmentent avec le réchauffement postglaciaire. Si l'on ne considère plus l'attribution culturelle (Paléolithique *vs* Épipaléolithique et Mésolithique) mais l'attribution bio-chronologique des prélèvements (Pléni-Tardiglaciaire *vs* Holocène), on constate que la diversification des assemblages anthracologiques a pour toile de fond l'amélioration des conditions climatiques et donc l'augmentation de la biodiversité végétale (fig. 7.5). On passe d'une moyenne de 7,6 taxons par site en période glaciaire à une moyenne de 11,8 (12,5 si l'on ne tient pas compte de l'abri Jérôme) à l'Holocène. Pour vérifier qu'il s'agit bien d'un phénomène naturel, lié à un processus climatique, et non à l'apparition de nouveaux comportements de récolte entre le Paléolithique et le Mésolithique, nous avons envisagé l'analyse conjointe des charbons archéologiques, et des charbons et phytolithes hors site dans une même zone géographique. Les gisements étudiés à l'occasion des fouilles du TGV-Méditerranée nous ont offert l'opportunité de proposer cette première comparaison.

APPORT DES SITES DE PLEIN AIR ET DES SÉQUENCES HORS-SITE : L'EXEMPLE DU TGV-MÉDITERRANÉE

Entre 1994 et 1996, les opérations d'archéologie préventive préalables à la construction du TGV-Méditerranée ont permis de mettre au jour en moyenne vallée du Rhône de nombreuses occupations préhistoriques et séquences pédo-sédimentaires hors-site, dont 5 se rapportant à la période 15000-9000 cal. BP : Pont de la Pierre (Bollène, Vaucluse), Surel (Lagarde-Adhémar, Drôme), Lalo (Espéluche, Drôme), Les Roches (Roynac, Drôme), Bourbousson (Crest, Drôme) (fig. 7.6). Les résultats de l'étude des charbons des niveaux d'occupation humaine ainsi que des pédo-charbons et des assemblages phytolithiques contenus dans les niveaux contemporains du Paléolithique supérieur et du Mésolithique seront exposés ici.

Le terme de pédo-charbons désigne les charbons de bois retrouvés hors-site archéologique. Ces derniers correspondent à des incendies de la végétation. Contrairement aux charbons issus de contextes archéologiques, ils n'ont pas été prélevés par les Hommes préhistoriques ; ils sont donc représentatifs de la végétation disponible, potentiellement récoltable, alors que les charbons archéologiques représentent la végétation effectivement récoltée. En dépit du faible effectif moyen des assemblages pédo-anthracologiques, les nombreuses analyses effectuées sur le tracé du TGV-Méditerranée ont permis de montrer qu'ils sont représentatifs de la végétation (Delhon, 2006).

Les phytolithes sont des particules d'opale de silice biogénique qui se forment dans les tissus végétaux vivants et qui se conservent bien dans la plupart des sols et sédiments. En contexte hors-site, ils ne permettent pas, le plus souvent, une détermination précise des plantes, mais donnent de précieuses informations sur les proportions relatives de graminées, de feuillus et de conifères dans la végétation (Delhon *et al.*, 2003 ; Delhon, 2005b). Les graminées, qui produisent plus de phytolithes que les autres taxons, sont toujours sur-représentées dans ces spectres, ce qui n'empêche pas d'observer les développements des végétations ligneuses. De plus, la production de certaines formes de phytolithes, en particulier les cellules bulliformes, est liée aux conditions environnementales (Parry, Smithson, 1958). Il est ainsi possible de calculer un indice phytolithique de stress hydrique, noté BI ou bulliform index (Delhon, 2005 ; sous presse). Dans les diagrammes figurés ici, le BI est représenté sous forme d'écarts, positifs ou négatifs, à la moyenne de la séquence.

Le Tardiglaciaire

Les spectres les plus anciens obtenus grâce à l'opération TGV-Méditerranée sont ceux de Pont de la Pierre, datés de 11920 ± 100 BP (13300-11600 cal. BC) et 11900 ± 48 BP (13300-11500 cal. BC). Les phytolithes (étudiés par A. Alexandre : Alexandre, Meunier, 1997) montrent l'importance des graminées dans la végétation, mais ces prélèvements sont aussi caractérisés par une forte représentation du pin dans les assemblages pédo-anthracologiques et sa présence sous forme de phytolithes. Comme les pins, des saules/peupliers, espèces ripicoles, ont brûlé. À une période où le facteur anthropique ne semble pas être prépondérant, le déclenchement d'incendies jusque dans les végétations ripicoles va dans le sens de l'existence de forts contrastes climatiques, qui

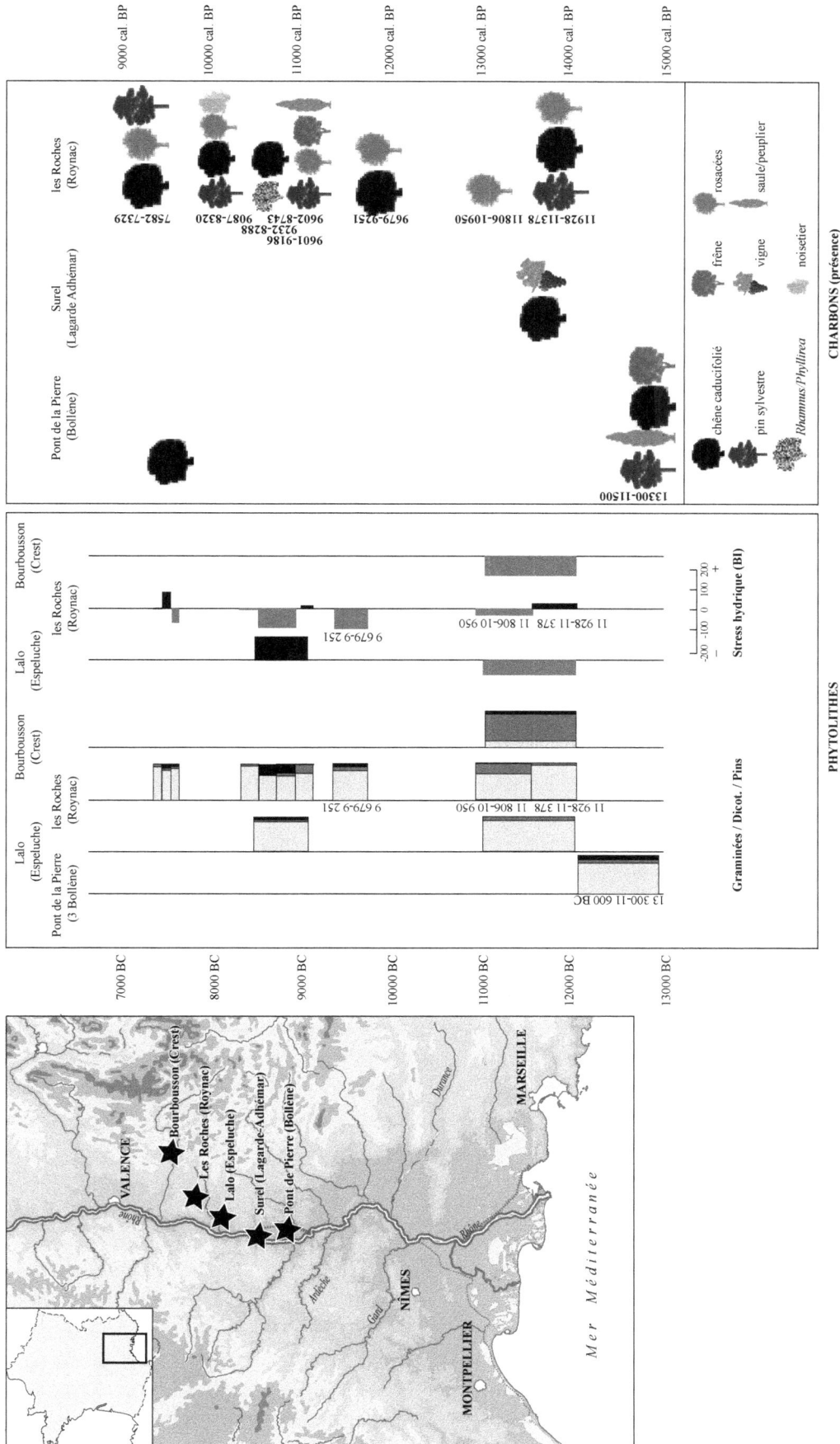

Fig. 7.6. Résultats des analyses phytolithiques et pédo-anthracologiques du TGV-Méditerrannée concernant la période 15000-9000 cal. BP (d'après Delhon, 2005).

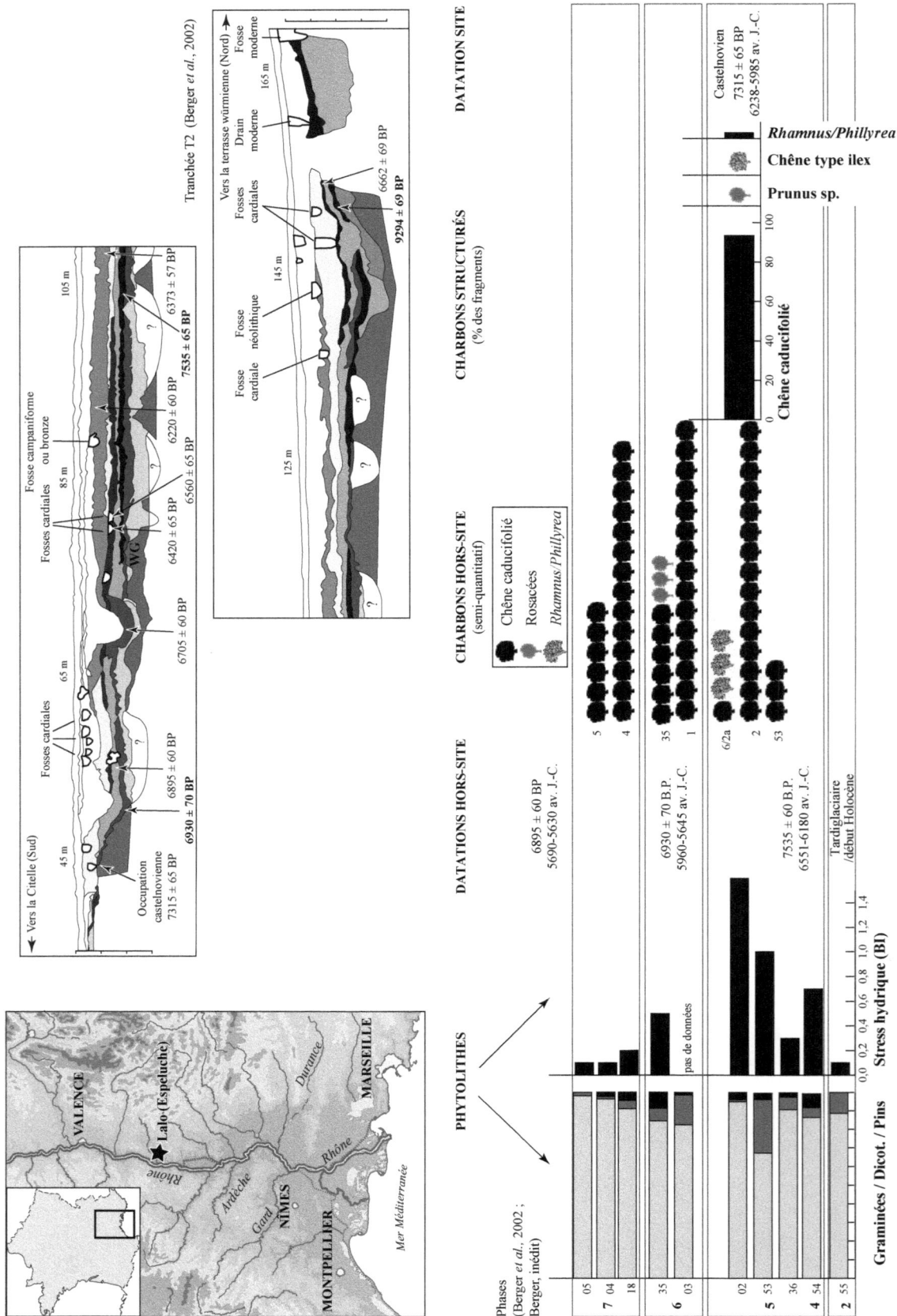

Fig. 7.7. Résultats des analyses phytolithiques, pédo-anthracologiques et archéo-anthracologiques de Lalo (Espéluche) (d'après Berger *et al.*, 2002 ; Delhon, 2002 ; Delhon, 2005).

permettent un assèchement des végétations de zones humides suffisant pour les rendre inflammables. Le chêne et le frêne sont identifiés de façon beaucoup plus ponctuelle. L'analyse phytolithique montre bien que ni le pin, ni le saule/peuplier n'étaient dominants dans la végétation, les graminées étant les végétaux les mieux adaptés aux conditions climatiques encore froides et sèches (steppe arborée).

Le XIIᵉ millénaire BC est documenté par les séquences de Surel, des Roches et de Bourbousson ; il voit le premier développement des végétations caducifoliées. Aux Roches, les héliophiles dominent, le chêne est présent. Les phytolithes de pin et de feuillus sont identifiés, bien que les graminées soient le taxon le mieux représenté. La végétation perçue à Roynac doit être considérée comme le début d'une phase de reconquête forestière, caractérisée par les rosacées héliophiles. À Surel, le chêne caducifolié a été identifié en grande quantité. Les phytolithes de Bourbousson semblent aussi aller dans le sens d'un premier essor des feuillus. Le BI, indice de stress hydrique, est plus bas que la moyenne, indiquant des conditions plutôt humides. Il semble donc qu'une végétation ligneuse caducifoliée se mette progressivement en place dès l'Allerød en moyenne vallée du Rhône.

Après une phase steppique (XIIIᵉ millénaire) durant laquelle le pin est quasiment le seul arbre exploitable, les populations paléolithiques qui fréquentaient cette plaine alluviale ont eu relativement tôt (dès le XIIᵉ millénaire) à leur disposition un combustible ligneux diversifié et incluant divers feuillus. Cette description des ressources végétales diffère des spectres archéo-anthracologiques des sites karstiques, dans lesquels les conifères, pin et genévriers, sont prépondérants à la même époque ;

cette différence peut s'expliquer par la localisation des sites et/ou leur statut économique.

Le début de l'Holocène

Après un millénaire de lacune documentaire (liée à l'absence de sédimentation ou à des érosions ultérieures), l'enregistrement anthracologique et phytolithique holocène en moyenne vallée du Rhône débute vers le milieu du XIᵉ millénaire BC. Les assemblages de charbons comme les spectres phytolithiques témoignent d'un net retour du pin sylvestre aux Roches et dans une moindre mesure à Lalo, au détriment du chêne caducifolié. Ce repli des formations caducifoliées est à mettre en relation avec le refroidissement du Dryas récent. Le pin est accompagné d'héliophiles, dont *Prunus* de type *amygdalus/spinosa* (identifié aux Roches). Dans ce paysage de steppe arborée, les formations ripicoles à saule/peuplier sont également observées, et représentent donc une source potentielle de combustible ligneux. Au sein de la steppe à pin et rosacées héliophiles, on trouve également d'autres espèces à caractère steppique, comme *Rhamnus/Phillyrea*, puis des taxons plus mésophiles comme le noisetier, le frêne et, à partir de 9000 BC. environ, le chêne caducifolié.

Un exemple de confrontation des données intra- et hors-site : la séquence de Lalo (Espeluche)

La longue séquence colluvio-alluviale mise au jour à Lalo, dans la basse plaine de la Citelle, a livré les vestiges de plusieurs occupations humaines de l'Âge du Bronze, du Néolithique et du Castelnovien (daté de 7315 ± 65 BP, soit 6238-5985 cal. BC), qui ont fourni des charbons archéologiques (Beeching *et al.*, 2001). Les phytolithes et les pédocharbons de nombreux niveaux pédo-sédimentaires, soit contemporains des occupations humaines, mais situés à quelques dizaines de mètres de celles-ci, soit antérieurs ou postérieurs aux occupations humaines, ont également été étudiés (Delhon, 2002 ; Berger *et al.*, 2002). La tranchée T2 de Lalo offre donc une très bonne opportunité de comparer les spectres archéo-anthracologiques aux spectres obtenus hors site pour les niveaux castelnoviens, et d'engager une discussion sur l'éventualité d'une sélection du bois de feu au Mésolithique.

Les spectres anthracologiques du Mésolithique/Néolithique ancien montrent la très forte dominance du chêne caducifolié. Seuls les niveaux contemporains de l'occupation castelnovienne, qu'ils soient prélevés hors-site ou sur le site lui-même, signalent la présence de taxons comme le chêne sclérophylle et *Rhamnus/Phillyrea*. De plus, le spectre phytolithique contemporain montre une ouverture du milieu, possiblement très locale.

Le chêne-vert comme les *Rhamnus/Phillyrea* sont des taxons sclérophylles dont l'interprétation peut être ambiguë. Ils signalent souvent une dégradation de la végétation, mais il est difficile de savoir si celle-ci est liée à des conditions climatiques méditerranéennes (Jalut, 2006) ou à l'impact de l'Homme (Pons, Quézel, 1998).

DISCUSSION ET CONCLUSION

Les données issues des sites archéologiques en grotte montrent que les derniers chasseurs-cueilleurs ont utilisé surtout les conifères dans leurs foyers. Parmi les raisons de ce choix, leur abondance dans l'environnement, la facilité d'acquisition de bois morts et secs, les propriétés combustibles des conifères peuvent être citées.

La confrontation avec les données hors-site met en avant la grande disponibilité des taxons récoltés dans l'environnement, toutefois, d'autres espèces, et notamment les feuillus, sont plus ponctuellement récoltées. Il est probable qu'il s'agit ici d'une collecte opportuniste des ligneux rencontrés sur les parcours de chasse ou de cueillette par exemple.

Pour les périodes considérées, le spectre des essences récoltées comme combustible semble évoluer d'avantage sous l'influence du réchauffement postglaciaire que sous celle d'un changement de comportement des groupes humains. Ainsi, pour la fin du Paléolithique et le Mésolithique, les charbons présents dans les sites archéologiques donnent une image de la végétation globalement comparable à celle restituée par les séquences « hors-site ». Il est à noter que cette observation n'est pas valable pour les périodes postérieures où un choix de ramassage est parfois constaté, corrélé à une fonction particulière des sites (voir par exemple Thiébault, 1997 ; Breicher *et al.*, 2002)

Le recours aux analyses des charbons de bois lorsqu'il s'agit de proposer des reconstitutions paléoenvironnementales de sites archéologiques ressort donc légitimé par cette première comparaison des données intra- et hors-sites. Il convient de réaffirmer que, dans les contextes culturels du Paléolithique supérieur-Mésolithique et environnementaux du Tardiglaciaire-début Holocène, le filtre humain du ramassage ne suffit pas à altérer la valeur paléo-écologiques des assemblages anthracologiques. Il faut néanmoins souligner que, dans cette optique paléoenvironnementale qui sous-tend le plus souvent les analyses, le statut du site (halte de chasse, habitat, etc.) n'est presque jamais pris en compte dans les publications. Avant de conclure que les charbons ne sont pas de bons marqueurs palethnobotaniques pour les périodes considérées, il serait nécessaire de mieux documenter cet aspect de la question.

En l'état des recherches, nous ne pouvons qu'aboutir aux conclusions suivantes, que le manque de données ne permet pas encore d'affiner :

– Les derniers chasseurs-cueilleurs utilisèrent les conifères comme combustibles, peut-être pour leurs propriétés favorables, mais aussi et avant tout, parce que pins et genévriers étaient les arbres les plus nombreux et les plus disponibles dans leur environnement.

– La récolte du combustible apparaît, par conséquent, surtout opportuniste, quel que soit le statut du site (mis à part les grottes ornées pour le moment). Les autres ligneux sont aussi récoltés lorsqu'ils sont présents sur le territoire ; ils constituent alors le spectre des « espèces secondaires » du diagramme anthracologique.

– L'importance des herbacées est sous-estimée par les reconstitutions environnementales fondées sur les analyses anthracologiques. Les analyses phytolithiques hors-sites permettent de compenser ce déséquilibre.

Plus qu'au choix d'un ligneux par rapport à un autre, la stratégie de récolte du combustible en contexte périglaciaire, donc de végétation ligneuse clairsemée, est sans doute liée à la gestion, c'est-à-dire à l'économie, du combustible et à la limitation de l'effort de collecte.

BIBLIOGRAPHIE

ALEXANDRE, A.; MEUNIER, J.-D. (1997) – *Apport des travaux archéologiques du TGV-Méditerranée en vallée du Rhône à l'histoire des paysages et des climats, des temps glaciaires à nos jours. L'analyse phytolithique.* Rapport interne, CEREGE. 14 p.

ALIX, C. (1998) – Provenances et circulations des bois en milieu arctique : quels choix pour les Thuléens ? *Revue d'archéométrie.* 22, p. 11-22.

BAZILE-ROBERT, E. (1981a) – Flore et végétation des gorges du Gardon à la moyenne vallée de l'Hérault, de 40000 à 9500 BP, d'après l'anthracoanalyse. Approche paléoécologique. *Paléobiologie continentale.* XII, 1, p. 79-90.

BAZILE-ROBERT, E. (1981b) – La baume de Vallorgues (Saint-Quentin la Poterie, Gard) Analyse anthracologique. *Études Quaternaires Languedociennes* cahier. 1, p. 15-18.

BAZILE-ROBERT, E. (1983) – La baume de Montclus (Gard). Étude anthracologique. *Études Quaternaires Languedociennes.* 3, p. 25-32.

BAZILE-ROBERT, E. (1987) – Végétations pré-néolithiques d'après l'anthracoanalyse de sites préhistoriques du Sud de la France. In GUILAINE, J.; COURTIN, J.; ROUDIL, J.-L.; VERNET, J.-L., eds. – *Premières communautés paysannes en Méditerranée occidentale.* Colloque international du CNRS (Montpellier, 1983). p. 81-85.

BEECHING, A.; BERGER, J.-F.; CORDIER F.; VITAL J. (2001) – *Espeluche-Lalo.* DFS, AFAN. 141 p. et annexes.

BREICHER H., CHABAL L., LECUYER N., SCHNEIDER, L. (2002) – Un atelier de potiers au XIIIᵉ siècle : céramiques à cuisson oxydante et exploitation du bois dans les chênaies du nord de Montpellier (Hérault,

Argelliers, Mas-Viel). *Archéologie du Midi Médiéval.* 20, p. 57-106.

BERGER, J.-F.; DELHON, C.; BONTÉ, S.; PEYRIC, D.; THIÉBAULT, S.; BEECHING, A.; VITAL, J. (2002) – Paléodynamique fluviale, climat, action humaine et évolution des paysages du bassin-versant de la Citelle (moyenne vallée du Rhône, Drôme) au cours de l'Atlantique ancien (8000-6000 BP) à partir de l'étude de la séquence alluviale d'Espéluche – Lalo. In BRAVARD, J.-P.; MAGNY, M., dir. – *Les fleuves ont une histoire. Paléoenvironnement des rivières et des lacs français depuis 15 000 ans.* Paris : Errance. p. 223-238.

DELHON, C. (2002) – Phytolith and pedoanthracological analysis of a holocene pedosedimentary sequence from the middle Rhone valley (France). In THIÉBAULT, S., ed. – *Charcoal Analysis, Methodological Approaches, Palaeoecological Results and Wood Uses.* Oxford : BAR Publishing. p. 169-178. (BAR International Series; S1063).

DELHON, C. (2005) – *Anthropisation et paléoclimats du Tardiglaciaire à l'Holocène en moyenne vallée du Rhône : études pluridisciplinaires des spectres phytolithiques et pédo-anthracologiques de séquences naturelles et de sites archéologiques.* Thèse de doctorat. Paris : Université de Paris I. 2 vol., 789 p. + annexes.

DELHON, C. (2006) – Palaeo-ecological reliability of pedo-anthacological assemblages. In DUFRAISSE, A., ed. – *Charcoal analysis : New analytical tools and method* Actes de la table ronde de Bâle, 2004. Oxford : BAR Publishing. p. 9-24. (BAR International Series 1483).

DELHON, C. (sous presse) – Phytolith and pedoanthracological analysis of « off site » Holocene sequences from Mondragon (middle Rhone valley, South of France). *Actes du 4th International Meeting on Phytolith Research* (Cambridge, août 2002).

DELHON, C.; ALEXANDRE, A.; BERGER, J.-F.; THIÉBAULT, S.; BROCHIER, J.-L.; MEUNIER, J.-D. (2003) – Phytoliths assemblages as a promising tool for reconstructing Mediterranean Holocene vegetation. *Quaternary Research.* 59, p. 48-60.

HEINZ, C. (1990) – Dynamique des végétations holocènes en Méditerranée nord occidentale d'après l'anthracoanalyse de sites préhistoriques : méthodologie

et paléoécologie. *Paléobiologie continentale.* XVI, 2, 212 p.

HEINZ, C.; THIÉBAULT, S. (1998) – Characterization and Palaeoecological Significance of Archaeological Charcoal Assemblages during Late and Post-Glacial Phases in Southern France. *Quaternary Research.* 50, p. 56-68.

JALUT, G. (2006) – Le climat, la végétation et l'Homme en Méditerranée à l'Holocène. In GUILAINE, J., dir., – *Populations néolithiques et environnements – Séminaire du Collège de France.* Paris : Errance. p. 215-240.

KRAUSS-MARGUET, I. (1981) – Analyse anthracologique du gisement post-glaciaire de La Poujade (Millau, Aveyron). *Paléobiologie continentale.* XII, 1, p. 93-110.

LEROI-GOURHAN, A.; THIÉBAULT, S. (2003) – La végétation lors du Magdalénien, In CLOTTES, J.; DELPORTE, H. dir.. – *La grotte de La Vache (Ariège).* T. 1 : *Les occupations du Magdalénien.* p. 63-72.

MOUTARDE, F. (2006) – *L'évolution du couvert ligneux et de son exploitation par l'homme dans la vallée du Lurin (côte centrale du Pérou), de l'Horizon Ancien (900-100 av. J.-C.) à l'Horizon tardif (1460-1532 apr. J.-C.). Approche anthracologique.* Thèse de doctorat. Paris : Université de Paris I. 2 vol., 317 p. + annexes.

PARRY, D. W.; SMITHSON, F. (1958) – Silification of bulliform cells in grasses. *Nature.* 181, p. 1549-1550.

PONS, A.; QUÉZEL, P. (1998) – À propos de la mise en place du climat méditerranéen. *Comptes rendus de l'Académie des Sciences – Series IIA – Earth and Planetary Science.* 327, 11, p. 755-760.

SACKELTON, C. M.; PRINS, F. (1992) – Charcoal analysis and the "principle of Least Effort" – A conceptual model. *Journal of Archaeological Science.* 19, p. 631-637.

THÉRY-PARISOT, I. (2001) – *Économie des combustibles au Paléolithique. Expérimentation, anthracologie, Taphonomie.* Paris : CNRS Éditions. 196 p. (Dossiers de documentation archéologique; 20).

THÉRY-PARISOT, I. (2002) – Gathering of firewood during the Palaeolithic. In THIÉBAULT, S., ed. – *Charcoal Analysis. Methodological Approaches, Palaeoecological Results and Wood Uses.* Oxford : BAR Publishing. p. 243-249. (BAR International Series; 1063).

THÉRY-PARISOT, I.; TEXIER, P.-J. (2006) – L'utilisation du bois mort dans le site moustérien de la Combette (Vaucluse). Apport d'une approche morphométrique des charbons de bois à la définition des fonctions de site, au Paléolithique. *Bulletin de la Société préhistorique française*. 103, 3, p. 453-463.

THÉRY-PARISOT, I.; THIÉBAULT, S., (2005) – Le Pin (*Pinus sylvestris*): préférence d'un taxon ou contrainte de l'environnement. Étude des charbons de la Grotte Chauvet. In GENESTE, J.-M., ed. – Recherches pluridisciplinaires dans la grotte Chauvet. Actes des Journées Nationales de la Société Préhistorique Française (Lyon, octobre 2003). *Bulletin de la Société préhistorique française*, 102, 1, p. 69-75.

THIÉBAULT, S. (1988) – *L'homme et le milieu végétal – analyse anthracologique de six gisements des Préalpes sud-occidentales aux Tardi- et Postglaciaire.* Paris: Maison des Sciences de l'Homme. 112 p. (Documents d'Archéolgoie Française; 15).

THIÉBAULT, S. (1997) – Early-Holocene vegetation and the human impact in central Provence (Var, France): charcoal analysis of Baume de Fontbrégoua. *The Holocene*. 7, 3, p. 341-347.

THIÉBAULT, S. (1999) – *Dynamique des paysages et intervention humaine du Tardiglaciaire à l'Holo-cène, de la Méditerranée aux Préalpes sud-occiden-tales – apport de l'analyse anthracologique.* HDR. Paris: Université de Paris I. 278 p.

VERNET, J.-L. (1971) – Analyse de charbons de bois des niveaux boréal et atlantique de l'abri de Châteauneuf-les-Martigues (Bouches du Rhône). *Bulletin du Muséum d'histoire naturelle de Marseille*. XXXI, p. 97-103.

VERNET, J.-L. (1980) – La végétation du bassin de l'Aude, entre Pyrénées et Massif Central, au Tardiglaciaire et au Postglaciaire d'après l'analyse anthraco-logique. *Revieuw of Palaeobotany and Palynology*. 30, p. 33-55.

VERNET, J.-L.; THIÉBAULT, S. (1987) – An approach of northwestern Mediterranean recent prehistoric vegetation and ecologic implications. *Journal of Biogeography*. 14, p. 117-127.

VERNET, J.-L.; THIÉBAULT, S.; HEINZ, C. (1987) – Nouvelles données sur la végétation préhistorique postglaciaire méditerranéenne d'après l'analyse anthracologique. In GUILAINE, J.; COURTIN, J.; ROUDIL, J.-L.; VERNET, J.-L., eds. – *Premières communautés paysannes en Méditerranée occiden-tale.* Colloque international du CNRS (Montpellier, 1983). Paris: Seuil. p. 87-94.

WILLCOX, G. (1992) – Timber and trees: ancient exploita-tion in the middle east: evidence from plant remains. *Bulletin on Sumerian agriculture*. VI, p. 1-32.

ZOHARY, M. (1973) – *Geobotanical Foundations of the Middle East.* Stuttgart: Verlag. 2 vol.

www.ingramcontent.com/pod-product-compliance
Lightning Source LLC
Chambersburg PA
CBHW061000030426
42334CB00033B/3310